FAO中文出版计划项目丛书

《粮食和农业植物遗传资源种质库标准》实施实用指南

——种质库正常型种子保存

联合国粮食及农业组织　编著

张金梅　尹广鹍　辛　霞　等　译

中国农业出版社
联合国粮食及农业组织
2023·北京

引用格式要求：

粮农组织。2023。《粮食和农业植物遗传资源种质库标准》实施实用指南——种质库正常型种子保存。中国北京，中国农业出版社。https://doi.org/10.4060/cb7424zh

ISBN 978-92-5-138326-1（粮农组织）
ISBN 978-7-109-31195-4（中国农业出版社）

FAO中文出版计划项目丛书
指 导 委 员 会

　　国际组织和各国政府正在努力实现到2030年消除饥饿等可持续发展目标（SDGs）。为了实现可持续发展目标，需制定和推广有利于农民的解决方案，这正是联合国粮食及农业组织（简称粮农组织）制定《2022—2031年战略框架》的背景。该战略框架旨在改进目前不尽合理的农业和粮食体系，使其更高效、更包容、更有制性和史可持续，以实现其四个愿景：更好生产、更好营养、更好环境和更好生活。

　　大约80%的粮食是植物性的，因此，即使气候不断恶化，如果作物生产体系能够实现可持续，即用更少的外部投入生产更多的粮食，国际社会也将大受裨益。体系的关键因素之一是不断改良作物品种，使其具有养分利用高效、营养丰富、适应目标农业生态环境以及适应生物和非生物胁迫等多样化特性。植物育种者需要获得尽可能广泛的遗传变异种质来培育新品种。粮食和农业植物遗传资源（PGRFA），包括改良作物品种、农家品种/地方品种和作物野生近缘种，是以上遗传变异的主要来源。维持种质库中已鉴定和编目的粮食和农业植物遗传资源安全，能够保障其可供当代和后代使用，或直接利用或用于科学研究和品种培育。

　　粮农组织及其合作伙伴认识到种质库的有效运行对可持续作物生产体系至关重要。此外，因认识到全球对粮食和农业植物遗传资源是相互依赖的，粮农组织一直将协调统一世界各种质库流程作为粮食和农业植物遗传资源保护和可持续利用工作的重中之重，而种质资源交换实践也反过来促进了这项工作。正因如下，粮农组织通过其粮食和农业遗传资源委员会在2014年发布了《粮食和农业植物遗传资源种质库标准》（简称《种质库标准》）。《种质库标准》为种质库、种质圃、试管苗库和超低温库等异地保存粮食和农业植物遗传资源提供了国际标准。

　　《种质库标准》发布后，种质库工作人员反馈指出，为提高《种质库标准》的实用性，应当按照种质库操作流程分步骤编写配套丛书，为种质资源保存过程中的复杂步骤和决策提供指导，将成为具有深远意义的参考资料。鉴于此，粮农组织编写了《〈粮食和农业植物遗传资源种质库标准〉实施实用指南——种质库正常型种子保存》。此外，还编写了《〈粮食和农业植物遗传资源种质库标准〉实施实用指南——种质圃保存》和《〈粮食和农业植物遗传资源种质库标准〉实施实用指南——试管苗和超低温保存》。

　　本配套丛书简单易懂，可作为种质库技术人员的操作手册、种质库管理人员的简化指导教材，亦可作为对种质库运行感兴趣人员的简易参考资料。

Jingyuan Xia

粮农组织植物生产与保护司司长

ACKNOWLEDGEMENTS 致 谢

粮农组织植物生产与保护司在 Chikelu Mba 的指导下编写了《〈粮食和农业植物遗传资源种质库标准〉实施实用指南——种质库正常型种子保存》，并在2021年9月27日至10月1日期间召开的粮农组织粮食和农业遗传资源委员会第十八届例会上通过。郑重感谢粮食和农业遗传资源委员会给予的指导以及委员会成员提供的宝贵建议。

参与编写的人员有粮农组织的 Bonnie Furman、Stefano Diulgheroff、Arshiya Noorani 和 Chikelu Mba。

特别感谢 Catherine Gold、Mary Bridget Taylor、Andreas Wilhelm Ebert 和全球作物多样性基金对编制本手册的巨大贡献。粮食和农业遗传资源委员会、CGIAR 种质库平台以及 Adriana Alercia、Joelle Braidy、Nora Castaneda-Alvarez、Paula Cecilia Calvo、Mirta Culek、Axel Diederichsen、Lucia de La Rosa Fernandez、Lianne Fernandez Granda、Luigi Guarino、Jean Hanson、Fiona Hay、Remmie Hilukwa、Visitación Huelgas、Yalem Tesfay Kahssay、Simon Linington、Charlotte Lusty、Medini Maher、Matlou Jermina Moeaha、Mina Nath Paudel、William Solano、Mohd Shukri Bin Mat Ali、Janny van Beem 以及 Ines Van den Houwe 等个人均有贡献。

特别感谢 Alessandro Mannocchi 为本手册所做的设计和排版。同时感谢 Mirko Montuori、Dafydd Pilling 和 Suzanne Redfern 提供了发行支持。还有很多人为本手册的编写和出版做出了贡献，粮农组织诚挚地感谢他们付出的时间、敬业和专业。

前 言 | FOREWORD

种质库对粮食和农业植物遗传资源进行异地保存，旨在确保其可供当代和后代使用，或直接利用或用于研究与植物育种。因此，种质库有助于可持续作物生产体系，有助于实现粮食安全和营养安全。然而，必须对种质库进行有效管理，使种质资源在最佳条件下保存并可供利用。

种质库通过种质交流，包括跨国交流，在促进全球粮食和农业植物遗传资源合作方面发挥了重要作用。2014年发布的《粮食和农业植物遗传资源种质库标准》旨在统一种质库操作，即统一各种质库和各国的种质资源保存、鉴定、评价和信息汇编。《种质库标准》设置了当前最佳的科学和技术基准。

为满足分步骤明确种质库常规操作流程的需要，特编制《〈粮食和农业植物遗传资源种质库标准〉实施实用指南——种质库正常型种子保存》。粮农组织粮食和农业遗传资源委员会在2021年第十八届例会上批准了这份实用指南，按种质库工作流程提供了每个流程所需的信息。基于种质库管理的基本原则，提出了一系列关键且相互关联的操作环节，即：种质的身份，生活力维持，保存和更新过程中遗传完整性的维持，种质健康维持，保藏种质的物理安全管理，种质的可用性、分发和利用，信息的可用性，以及种质库的管理。

本手册包括种质获取、干燥和保藏、种子生活力监测、更新、鉴定、评价、信息汇编、分发和交换、安全备份、安全和人员。每一个环节都配有操作流程图。此外，还有一节提出了种质库设施设计或修建所需的基础设施和设备建议。最后一节提供了关于种子种质库运行管理的指导和技术背景的参考资料。附录部分提供了与种质库各项操作相关的潜在风险及其预防措施。

本手册旨在促进《种质库标准》更为广泛的应用，是其配套系列出版物之一。种质库管理人员可以将本手册作为制定操作标准程序、质量管理体系的基础。

CONTENTS **目 录**

豆类多样性，国际热带农业研究中心

1 导 论

大多数植物物种，包括许多最重要的粮食作物，都能产生正常型种子，可以通过干燥降低其含水量并在低温条件下保存。降低含水量和低温保存可以延长正常型种子的保存寿命。

谷物、豆类、牧草、大多数蔬菜和部分水果物种能产生正常型种子，因而能保存于种子种质库。这些作物的大多数野生近缘植物也能产生正常型种子，虽然这类种子往往需要特殊处理。像马铃薯等无性繁殖类作物，也能产生正常型种子。

种子种质库与其他类型种质库的原则是通用的，包括种质的身份，生活力维持，保存和更新过程中遗传完整性的维持，种质健康维持，保藏种质的物理安全管理，种质的可用性、分发和利用，信息的可用性，以及种质库的管理（粮农组织，2014）。

图1　种子种质库正常型种子保存的主要操作环节

种子种质库中正常型种子保存，可分解为一系列相互关联的操作（图1）。本手册介绍了种质库每个操作环节的关键实践活动（表1）[①]。它概述了正常型种子种质库常规操作流程（图2），并支持《种质库标准》的应用（粮农组织，2014）[②]。本手册按种质库工作流程的顺序详细介绍了《种质库标准》的内容，以促进《种质库标准》更广泛地应用。各种质库可以在本手册描述的操作基础上，编制和开发种质资源保存，明确每项活动细节的标准操作程序（SOPs）（国际热带农业研究所，2012）和质量管理系统（QMS）（CGIAR种质库平台，2021）。

表1　种子种质库的基本原则及相关操作环节

种质库原则	种质库操作汇总
种质的身份	收集和登记护照信息 确定植物学分类 编制永久且唯一的种质编号，并在所有记录中使用 仔细处理种质，避免混杂，且在入库和保存过程中要对所有样品进行标记和追踪
生活力的维持	收集、更新、种子处理和运输过程中遵循最佳做法和时间 最优的保存条件 定期生活力监测 必要时进行更新
遗传完整性的维持	确保收集和保存的样品能尽可能代表原始群体 在包装、更新和扩繁过程中采取最佳做法
种质健康的维持	必要时采取检疫措施 收集、包装、更新和扩繁过程中遵循最佳做法 污染监测和管理
种质的物理安全	制定和实施风险策略 在适宜的地方建设和维护种质库基础设施 种质安全备份和复份保存
种质的可用性及其利用	根据法律和植物检疫要求获取和分发种质 充足的数量和高效的分发 提供种质相关资料
信息的可用性	建立种质库信息管理系统 定期备份种质的护照信息和管理数据 尽可能地向外部用户提供种质护照信息和其他相关数据
种质库的主动管理	制定并向工作人员提供标准操作程序 种质库操作过程中产生的数据和信息可供管理人员和工作人员使用 雇用受过良好培训、受职业安全保护和健康的工作人员 通过必要的培训，不断提高种质库工作人员的能力

[①]　实践活动应遵循《种质库标准》中的最佳做法。

[②]　文中提及的所有标准均出自粮农组织《种质库标准》。

　　本手册仅就种质库运行的复杂步骤和决策提供了一般性指导。每个种质库都有自己的特殊情况，对特殊收集品的有效管理需要在经验基础上认真考虑和调整程序。对于本手册中所述工作环节的详细技术规范，种质库工作人员可能需要查阅更多信息，参见本手册的参考文献。

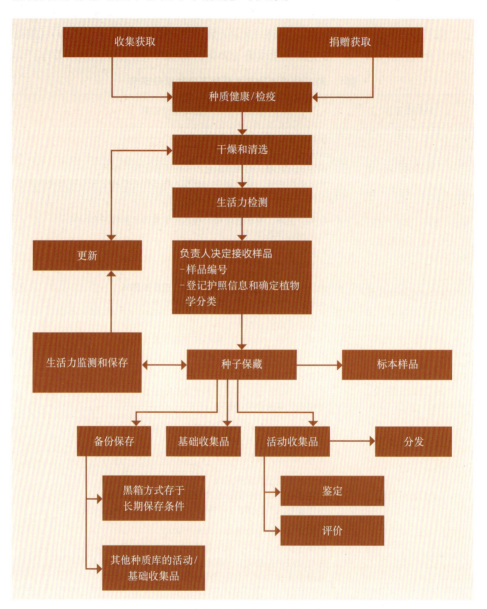

图2　种子种质库正常型种子保存操作流程

注：每个步骤都需要准确的信息记录。

作物野生近缘植物资源收集，尼泊尔

2 种质获取

建议种质库制定关于种质获取的书面政策或程序，包括遵守法律、植物检疫以及其他规章和要求（图3）。

✔ **依据机构的种质获取政策决定是否将种质资源纳入种质库收集品中。**

制定获取政策能够确保收集品可管理，并满足用户的需求（Guarino 等，1995）。

- 种质库管理者在决定获取新种质前，可以与育种家、植物学家以及其他科学家进行交流讨论。研究机构也可以设立一个专门的或一般性的作物咨询委员会。
- 在做决策的过程中，应考虑收集品或受赠样品的健康和生活力状况、护照数据信息的可用性（分类学信息、种质来源等）以及样品的"独特性"（以避免非必要的重复）。

✔ **种质获取要通过合法途径，并随附所有相关文件[①]。**

种质的获取过程要遵守国家和国际法规，如植物检疫法、《粮食和农业植物遗传资源国际条约》（简称《条约》）或《生物多样性公约》（CBD）对遗传资源获取的规定（粮农组织，2014）。

- 种质库应就种质资源获取问题与《条约》缔约方的国家协调中心或其他主管部门进行沟通。

✔ **种质库对每一份新样品赋予一个永久且唯一的种质编号。**

一旦管理者决定接收样品入种质库，该样品将会被赋予一个唯一的种质编号。

- 也可以向《条约》秘书处申请数字对象唯一标识符（DOI）（粮农组织，2021a）。在种质库处理全过程中，种质编号和数字对象标识符都将与该种质的其他所有处理信息资料一起被保留。
- 如果受赠种质已被捐赠组织赋予了一个种质编号和数字对象唯一标识符，

---

① 《种质库标准》4.4.1。

种质获取

种质获取应合法，并遵守国家、地区和国际植物检疫法及其他进口法规和要求	- 遵守法律法规要求：国家法规、《国际植物遗传资源条约》（"标准材料转让协议"）、《生物多样性公约》（优先知情同意书和双方同意的条款） - 遵守植物检疫要求：进口许可证、植物检疫证书
从收集任务中获取种质资源	- 根据单位任务，制定明确的种质收集任务策略
从本国或其他国家收集种质资源	- 提出收集建议 - 获得收集许可 - 根据繁育系统收集种质 - 从外观健康的植株上收集 - 避免耗尽自然种群 - 每个样品给予收集编号 - 使用粮农组织/生物多样性的多作物护照数据描述符 - 获取任何额外可用信息（农民、社区居民） - 收集植物标本凭证或图像 - 仔细标记并避免样品混杂 - 确保缩短从收集到移交种质库之间的时间间隔
种质包装并运输至种质库	- 可根据需要，在包装前使用杀虫剂 - 使用坚硬、绝缘的包装材料 - 确保及时进行信息汇编 - 检查进口许可要求 - 使用空运或快递运输 - 如果通过快递发送，要追踪包裹情况
通过捐赠获取种质	- 核实最核心的护照数据 - 确保每个样品的识别号码正确 - 遵守国家、地区和国际植物检疫法以及其他有关部门关于进口的所有法规和要求
种质库收到样品并接收	- 咨询本单位的种质获取政策，决定是否接受种质 - 检查样品并按流程处理，包括植物检疫 - 对新植物种质进行生活力检测 - 必要时扩繁种子 - 为样品分配一个唯一的种质登记号
记录、验证和上传有关种质获取的所有数据及其元数据	

图3　种质获取环节各项活动工作流程概要图

那么在护照数据中要保留这些作为替代标识符。这是确保信息数据能与种质一一对应的一个重要手段。

✓ **加入种质库的种质资源都附有粮农组织/生物多样性中心在多作物护照数据描述符中概述的相关数据**[①]。

无论是从收集任务获取还是其他机构捐赠，建议所有样品都应附有粮农组织/生物多样性中心多作物护照数据描述符（Alercia等，2015）中详细说明的相关数据。

- 数据必须要与每份种质明确关联，比如可以通过使用种质编号和数字对象标识符。

✓ **有关种质获取的所有数据及其元数据，都应进行记录、验证并上传到种质库信息管理系统。**

考虑应使用电子设备以避免抄写错误，且便于上传。或者须使用不褪色墨水或铅笔记录数据，字迹必须清晰可辨。使用条形码标签和条形码阅读器有助于种质管理，并且可以减少人为错误。

2.1　通过收集任务获取种质资源

✓ **根据机构的任务制定明确的种质资源收集任务策略。**

必须在收集任务之前设定收集的优先级别。建议拟订收集方案，明确说明收集任务的目的、目标地点和方法。

- 对已收集资源和未收集资源进行盘点分析以防止重复，同时对已入全国统编目录资源和未收集资源进行盘点分析，并在此基础上制定明确的收集任务策略。
- 与收集地区的研究机构或专家开展合作，遵守该地区关于收集方面的法规。
- 提前做好任务计划，确保最佳做法并符合有关法规和要求。

✓ **种质收集要通过合法途径获取，并附有所有相关文件**[②]。

种质获取过程要遵守国家和国际法规。下列信息可以协助确保遵守这些法规：

- 当涉及种质获取相关问题时，种质库应与相关指定机构沟通。
  - 在其他国家进行种质收集时，可能需要联系《条约》缔约方的国家协调中心或其他指定的种质获取机构。
  - 对于在种质库所在国进行种质收集时，可能有必要与国家主管部门联

[①] 《种质库标准》4.1.4。

[②] 《种质库标准》4.1.1。

系，确保了解并遵守国家和地方法规。

- 从原生境自然居群收集作物野生近缘种或半驯化种质，必要时需获得国家、地区或地方主管部门的许可批示。
- 当从农田、农民仓库或社区，包括一些自然生境，收集种质资源时，必要时需根据相关国家、地区或国际法律法规确定的事先知情同意书（PIC）和双方同意条款（MAT）（生物多样性中心，2018）。

✓ **种质库应遵守国家、地区、国际植物检疫法以及有关当局的其他进口法规和要求[①]。**

当种质资源被转移时，存在随宿主植物样本意外引入植物病虫害的风险。下列步骤可能有助于降低此类风险，并确保符合法规和要求：

- 在别国收集的种质，应获得提供国的植物检疫证书以及种质库所在国家有关政府部门的进口许可证（《国际植物保护公约》，2021）。
- 将收集样品转移到种质库之前，要通过相关的检疫程序。
- 根据国家植物检疫部门的建议，将种子数量不足的收集种质在封闭或隔离区域进行扩繁。

✓ **将收集任务安排在成熟的最佳时期，从看起来健康、没有病虫害或其他损害的植株上收集种子、穗、果荚等。**

种质库工作人员应该根据收集的目标物种，查阅具体的信息来源。为了防止潜在的植物检疫污染，尽可能地避免收集土地上散落的种子，埋入土壤中的种子，以及感染腐生菌、致病真菌、细菌或昆虫侵袭的种子。这对于野生近缘种可能很难实现，因为他们的种子很容易落粒。

✓ **从适当数量的单株植物上收集种子、穗、果荚等样本，同时避免因收集导致自然种群的枯竭。**

可以考虑根据目标物种的繁育系统，确定在一个种群中要采样的植物株数和种子粒数 [国际农业研究磋商组织全系统遗传资源项目（SGRP-CGIAR），2011]。

- 为了达到合理的代表性，建议在可能的情况下，异花授粉的物种至少需从30个亲本植株收获种子，自花授粉的物种至少需从60个亲本植株收获种子[②]。
- 如果源种群规模足够，建议收集足够的种子以避免需要进行初始扩繁[③]。

---

① 《种质库标准》4.1.1。

② 《种质库标准》4.1.5。

③ 根据作物种质库知识库建议，遗传同质样本种子保存数量最少为3 000 ～ 4 000粒，遗传异质样本种子保存数量最少为4 000 ～ 12 000粒。

- 通常，为了给种群自然更新留下足够的种子，样品收集数量不应超过该野生种群种子量的20%（Way，2003）。

✓ **收集的样品要贴上标签，在处理过程中不能混杂。**

如可能，在收集容器上使用不褪色墨水或机打标签（最好有条形码）来标记样品。一个很好的做法是在种子包装袋内外都放置标签。如果种子或样本不干燥，需要保护内部标签不变质，例如可以将标签放在密封的塑料袋中或使用防潮标签。建议记录每个样品的所有收集编号和其他必要信息。

✓ **收集的种质应附有粮农组织/生物多样性中心在多作物护照数据描述符中概述的相关数据**[①]。

标准化的收集表，有助于收集每个样品的相关数据。给每个样品一个收集编号，以便将样品与收集信息相关联。可考虑收集以下信息：

- 收集种质在种间和种内水平分类鉴定信息，如有可能，收集植物种群类型、生境和生态环境、收集地的土壤状况、GPS坐标和照片图像，以便种质管理者和使用者了解其原始背景情况。
- 将每个样品按照粮农组织/生物多样性中心多作物护照数据相关描述符，详细描述每个样品的相关数据（Alercia等，2015；见插文1）。
- 如果是从农田或农民仓库收集的种质，则要收集种质的来源、传统知识、文化习俗等方面信息。
- 对于从种群（例如野生物种）获得的任何植物标本，需使用与所收集样品相同的收集号，并将其与数据库中的种质登记号相关联。

插文1　最基本的护照数据

收集表中至少应包括以下信息：

- 收集号
- 收集机构名称/代码
- 分类学名称，尽可能的详细/特异
- 常用作物名称
- 收集地点位置
- 收集地点纬度
- 收集地点经度
- 收集地点海拔
- 收集日期
- 生物学状态（野生、杂草、地方品种等）

✓ **尽可能缩短从收集到处理再到移交至种质库之间的时间，以防止种质的损失**

---

① 《种质库标准》4.1.4。

和变质[1]。

种子的初始生活力是影响种子样品寿命的主要因素，并且它在采集或收集时处于最高值；随着种子的老化，种子生活力下降。新收获的种子样品越早放置在可控的干燥条件下，就越有可能获得较高的初始生活力（见"种子生活力监测"章节）。

✓ **选择包装材质和运输方式，确保种质能够安全和及时地交付。**

为确保种质以良好状态到达种质库，通常要考虑信息汇编处理所需时间、装运或转运时间和环境条件（温度和湿度）。以下因素可以降低种质收集后的丧失风险：

包装

- 采取预防措施，避免运输过程中出现真菌感染或昆虫入侵风险。
  - 如果已观察到并能准确鉴定害虫，可在包装前使用杀虫剂。需避免任何不必要的化学处理，因为这可能对收集的样品有害。如果进行了处理，则需在每个种子包装和随附文件中进行声明。
  - 建议使用通风良好的布袋。
- 使用坚硬防震信封或绝缘包装以防止样品被机械邮件分拣机压碎和变质。

运输

- 对于长时间的公路运输，如果种子或样本潮湿，则需要定期进行通风处理，以防潜在的生活力丧失。
- 尽可能使用最快的运输方式，如空运或快递，避免种子或样本暴露在不利的环境条件下使其质量劣变。
- 持续跟踪包裹，以确保种质库工作人员做好收到种质后就可以处理样品的准备。

✓ **所有准备入库的种质都需在指定的接收区（如种子健康检测间）检查是否有损坏、污染，并且采取不会改变种质生理状态的方式进行种质处理。**

- 低质量或受污染的种子不能直接在田间种植。
- 必要时采取检疫措施。

2.2 通过转让/捐赠获取种质资源

✓ **捐赠的种质是合法获取的，并附有所有相关文件[2]。**

---

[1] 《种质库标准》4.1.3。

[2] 《种质库标准》4.1.1。

- 如果捐赠机构来自《条约》缔约方，且捐赠的种质属于《条约》附件1所列的作物或物种（粮农组织，1995），则必须使用"标准材料转让协议"（SMTA）（粮农组织，2021b，2021c）。
- 如果捐赠机构来自非《条约》缔约方，或者种质不在附件1的范围内，尽管标准材料转让协议可以使用，但通常还是使用"材料转让协议"（MTA）［亚洲蔬菜研究发展中心（AVRDC），2012]。
- 如果种质捐赠机构、育种家或其他种质提供者没有"材料转让协议"，种质库最好准备一份捐赠协议，详细说明将种质转移到种质库的条件。

✔ 捐赠的种质应附有粮农组织/生物多样性中心在多作物护照数据描述符中概述的相关数据[1]。

建议要求捐赠者提供样品时，同时提供粮农组织/生物多样性中心在多作物护照数据描述符中详述的相关数据（Alercia等，2015；见插文1）。

✔ 种质库要遵守国家、地区和国际植物检疫法以及其他有关部门关于进口的所有法规和要求[2]。

当种质资源被转移时，存在随寄主植物样本意外引入植物病虫害的风险。下列步骤有助于降低此类风险，并确保符合法规和要求。

- 来自其他国家的种质，要获得提供国的植物检疫证书及种质库所在国家有关当局的进口许可证（见《国际植物保护公约》，2021）。
- 在样品转移到种质库之前，要通过相关的检疫程序。
- 检查捐赠种质是否需要对种子进行特殊处理，如打破休眠。
- 根据国家植物检疫部门的建议，将种子数量不足的捐赠材料在封闭或隔离区域进行扩繁。

✔ 所有准备入库的种质都需在指定的接收区（如种子健康检测间）检查是否有损坏、污染，并且采取不会改变种质生理状态的方式进行种质处理。

- 低质量或受污染的种子不能直接在田间种植。
- 必要时采取检疫措施。

---

① 《种质库标准》4.1.4。

② 《种质库标准》4.1.1。

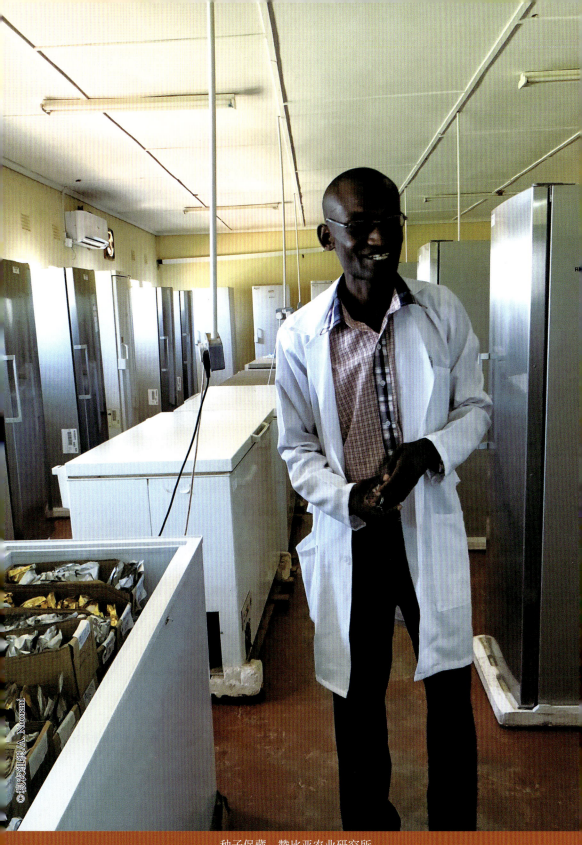

种子保藏，赞比亚农业研究所

3 干燥和保藏

建议种质库制定适用的书面政策或规程,将获取的种质进行长期和中期保藏,并确保有足够数量的种子可以满足及时分发的需求(图4)。

✓ **处理收集的样品,并在干燥前进行初步清选。**

样品清选是种质库初始处理程序的一部分,是样品管理的重要组成部分。在干燥之前,应从肉质果和干果、荚果和穗中取出种子。干燥的种子,特别是干燥的豆荚或穗中的种子,要进行脱粒,将种子从植株中分离,粉碎残留样本。如可能,在干燥前要进行初步清选,去除破碎的死种子。

✓ **将种子样品干燥到便于保藏的最佳含水量。**

建议在温度5 ～ 20°C、相对湿度10% ～ 25%的可控环境条件下将种子干燥到平衡状态[①]。不同物种种子保存的最适含水量不同,但这些条件应能确保大部分物种种子能被干燥到最适含水量(油料种子约为3%,淀粉类谷物种子约为7%)。可以利用在线工具查询不同干燥条件下种子的平衡含水量(皇家植物园,2018)。如果没有专用的干燥室或房间,可以使用硅胶等干燥剂干燥种子。

● 根据样品类型(肉质果实、干果或种子)、一次要干燥的样品数量和大小、当地的气候条件和可用的财政资金(Rao等,2006)来确定种子干燥的适当方法。

● 使用数字式湿度监测仪、指示剂硅胶或价格较低的挂壁式湿度表监测干燥情况。

✓ **种子在入库前要进行最后的清选。**

对种子进行脱粒,将其从残留样本中分离并进行清选,以便在入库保藏前去除破碎的死种子。

✓ **干燥后,用于长期保藏的样品需要在可控的环境条件下,用带有清晰标签的密闭容器进行包装[②]。**

---

① 《种质库标准》4.2.1。

② 《种质库标准》4.2.2。

图4 干燥和保藏环节各项活动工作流程概要图

用密闭容器密封样品，可确保种子在保藏期间不会重新吸收水分。在干燥室条件下或在控制相对湿度的空调室中包装种子，有助于保持种子的含水量。其他的最佳做法包括：

- 将种子装满容器以尽量减少种子上方的空气，有助于防止种子重新吸收水分（最好配备一系列尺寸规格的容器，以满足不同品种的种子体积要求）。
- 每个样品容器的外部和内部要有标签（最好是条形码），以确保种质能正确识别。
- 要保存足够三次繁殖用种量（SGRP-CGIAR，2010a）[1]。

如果有足够的种子且条件允许，建议同时分装安全备份（见"安全备份"章节）、种子发芽检测（见"种子生活力监测"章节）和标本样品（见下文）。

✓ **长期基础种质最好保藏在−18℃的环境条件**[2]。

长期保藏的适宜温度是−18℃。如果技术达不到−18℃，也可以使用零度以下的冰柜。如果种子收集品数量大，用一个冷库可能比许多独立的冰柜更节能。为冷库和冰柜配备备用电源非常重要。最佳做法包括：

- 避免在任何停电期间进入冷库或打开冰柜。
- 尽量缩短样品在较高温度下的时间（但在容器从冷藏室或冷冻室取出后，要平衡到外界温度再打开容器，以免冷种子结露）。

✓ **干燥后，用于中期保藏的样品需要在可控环境条件下，用标签清晰、密闭且易打开的容器包装。**

作为中期保藏的活动收集品可用于分发、更新、鉴定和评价。最佳做法包括：

- 每个样品容器的外部和内部都要有标签（最好是条形码），以确保种质能被准确识别。
- 在容器中使用指示剂硅胶小袋来监测水分。
- 保存足够数量的种子用于分发和更新（SGRP-CGIAR，2010a）[3]。

✓ **用于中期保藏的活动收集品需在冷藏温度下保存。**

活动收集品可以保藏在定制的冷库或商业冰箱中，理想温度为5～10℃，相对湿度为（15±3）%[4]。为冷库和冰箱配备备用电源非常重要。最佳做法包括：

---

[1][3] 根据作物种质库知识库建议，遗传同质样本种子保存数量最少为3 000～4 000粒，遗传异质样本种子保存数量最少为4 000～12 000粒。

[2] 《种质库标准》4.2.3。

[4] 《种质库标准》4.2.4。

- 避免在任何停电期间进入冷库或打开冰箱。
- 尽量缩短样品在较高温度下的操作时间（但是在打开容器之前，要让容器平衡到外部温度，以免冷种子结露）。

✔ **每份种质要单独保存少量种子作为标本。**

在"种子档案"中为每份种质保留一份种子标本（最好是最原始的样本）很有用处。如有可能，应将大约50粒活种子保存在一个小塑料瓶、玻璃瓶或密封的塑料袋中，并在内外贴上标签（最好是条形码），以确保种质被正确识别[①]。参考种子标本对种质繁殖后的真实性验证特别有用。

✔ **种质清选、干燥和保藏的所有数据及其元数据，都应进行记录、验证并上传到种质库信息管理系统。**

需要采集的数据包括：种质的位置（活动/基础收集品在冷库中的位置）、每个位置的种子数量、初始含水量（若有）和入库的日期。可考虑使用电子设备以避免抄写错误，且便于上传到种质库信息管理系统。否则，使用不褪色的墨水或铅笔记录数据，字迹要清晰可辨。使用条形码标签和条形码阅读器有助于种质管理，并减少人为错误。

---

① 《种质库标准》4.4.3。

水稻发芽，非洲水稻中心

4　种子生活力监测

建议种质库制定适用的书面政策或程序，详述用于检测种子生活力下降的生活力[1]监测系统（图5）。

✔ **种子发芽检测应按照最优的标准程序进行。**

检测的标准化操作很重要，最好是使用重复的检测程序，以便生活力监测测试结果在不同时间仍具有可比性[2]。许多种质库已经制定了内部操作指南。可以在网上找到许多资料：

- 国际种子检验协会（ISTA，2021）和官方种子分析师协会（AOSA，2021）公布了发芽检测的程序，包括建议的发芽基质、最佳温度以及用于打破休眠可能需要的特殊处理。
- 可通过作物种质库知识库（SGRP-CGIAR，2010b）获得针对特定物种的生活力检测指南。
- 邱园种子信息数据库（Kew's Seed Information Database）包含了超过12 424个野生物种的成功发芽方案，包括作物野生近缘种。

✔ **获取种质后，应尽快进行种子初始发芽检测[3]。**

准备在种质库进行保藏的种子都应进行种子生活力检测。如果种子来源表明生活力可能并不理想，则该检测就尤其重要。适时的检测可以帮助管理人员对低质量的种质尽早进行更新，并最大限度减少采集和保藏期间种子生活力下降速率。

部分物种存在初级休眠期，发芽方案应确保休眠不会影响检测结果。较老的种子可能存在次级休眠。应查阅有关打破种子休眠的具体方法的文献。

✔ **生活力指标要设置得尽可能高，以确保样品的最长寿命。**

生活力是影响种子寿命的一个重要因素，因为生活力高的种子往往在保

---

① 通常通过检测发芽率来评估种子生活力，应将有生命力但不萌发的休眠种子计算在内。

② 见第4章。

③ 《种质库标准》4.3.1。

存过程中存活时间更长。最低生活力指标通常设定为种子发芽率≥85%[①]。对于某些种质材料，其种子发芽率通常达不到85%（例如：部分森林和野生物种）[②]，生活力指标可以设置得比较低。

- 大多数在成熟的最佳阶段收集的种子，如果处理得当并迅速干燥，其初始生活力应该很容易达到≥85%的标准。
- 那些发芽率未达高水平的种质，可判为休眠的活种子。使用切割测试（皇家植物园，2015）或四氮唑染色试验（皇家植物园，2014）等替代方法，应能更准确地估计出种质的真实生活力。
- 对未发芽的种子进行切割测试，有助于确定种子是否已失活或已染病。无论怎样，建议用同一批次的新鲜种子进行切割测试验证。

✓ **对于生活力极低的种子，必要时可以将发芽的种子直接种植以进行更新。**

如果种质生活力极低，挽救该样品的唯一方法可能是种植那些在生活力检测中发芽的幼苗。在这种情况下，如有条件，可将发芽的种子直接移植到盆中，并放在温室或生长室中生长。应尽量防止这种情况的发生，以免损害原始样本的遗传完整性。

✓ **建立生活力监测系统，在保藏期间定期检测样品的生活力状况。**

生活力监测旨在尽可能确定何时生活力会下降至或接近设定的更新指标。监测过于频繁会浪费种子和资源，监测过迟则可能会冒着种子失活的风险，对于这种情况，设置监测间期是一个折中方案。

- 尽可能确定最佳监测间期，以确保每个物种样本的生活力在规定指标以上，同时注意不同物种间种子寿命的差异（Ellis等，2019；Nagel和Börner，2010）。
- 通常情况下，将生活力监测间期设置为预测生活力下降至更新标准时间的1/3，但不超过40年[③]。
- 中期保藏的短寿命物种的监测间期设定为5～10年。
- 当中期保藏样品的生活力接近设定的更新标准时，监测基础收集品的生活力（Hay和Whitehouse，2017）。

✓ **理想的种质库信息管理系统应包含自动化工具，用以检查种质资源生活力并标记需要更新的库存资源。**

✓ **种子生活力监测的所有数据及其元数据，都应进行记录、验证并上传到种质库信息管理系统。**

[①] 《种质库标准》4.3.2。

[②] 《种质库标准》4.3.4。

[③] 《种质库标准》4.3.3。

需要考虑的数据包括：发芽检测的日期和过程、死种子或空种子的数量、发芽率等。可考虑使用电子设备，以避免抄写错误，且便于上传到种质库信息管理系统。或者，使用不褪色的墨水或铅笔记录数据，字迹要清晰可辨。使用条形码标签和条形码阅读器便于种质管理，并且可以减少人为错误。

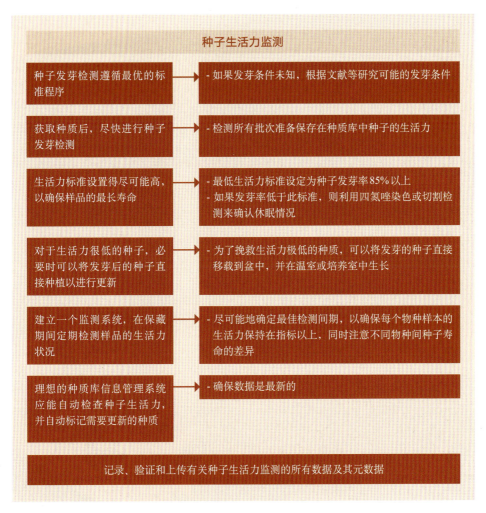

图5 种子生活力监测环节各项活动工作流程概要图

21

© 信贷信托基金 Michael Major

蚕豆更新，国际干旱地区农业研究中心黎巴嫩办事处

5 更 新

推荐种质库制定适用于种质更新[①]的书面政策或程序，分步指导说明包括：种子库存数量和种子生活力监测、田间准备、种质选择、样本大小、播种、耕作管理、授粉控制、真实性核对、收获、收获后管理以及资料汇编（图6）。

✓ **定期监测种子库存数量和种子生活力。**

理想的种质库信息管理系统应能自动检测种子库存数量和生活力，并能自动标记需更新的种质。同时要根据实际情况，避免种植的种质份数过多。

✓ **当种子生活力或种子数量低于更新标准时就要对种质进行更新。**

当种子生活力低于生活力标准，或种子库存数量不足以满足分发要求时，就需要对种质进行更新。当新获取种质的种子数量少时，也可能需要进行首次更新。建议考虑以下更新措施：

- 当种子生活力降至初始生活力的85%时，应进行更新[②]。
- 当库存种子数量降至完成繁殖该份种质三次播种所需用种量以下时，应进行更新。

✓ **采用最佳更新方法，以确保获得足够数量健康种子。**

减少更新次数对于避免有关风险很重要。建议采取以下措施：

- 选择与原收集地生态环境条件尽量相似的地区进行更新，以降低潜在的选择压力。
- 特别要注意野生种的更新需求，以避免适应性差的种质全部或部分丧失。例如，可以选择在其他地方进行种植，如研究实验站、温室或遮阴条件等。
- 创建种植前已绘制的田间种植图的纸质版和电子版档案。

---

① 请注意我们使用术语"更新"一词同指繁殖和更新，以与《种质库标准》第4章的术语保持一致。

② 《种质库标准》4.4.1。

- 清楚标识更新小区（最好有条形码）。
- 采用适宜的耕作管理措施，包括整地、播前处理、确定种植时间、确定植株间距、灌溉、施肥以及病虫草害防治。

✓ **采用最佳更新程序，以最大限度降低种质丧失遗传完整性的风险。**

　　掌握种质库收集品的遗传学及其整体结构，便于制定更新程序，包括特定物种的需求。需要考虑以下最佳措施：

- 使用保存的最原始样品进行更新以供长期保藏，使用活动收集品种子进行更新以供中期保藏（种子最多进行三次更新后就应该使用长期保藏的最原始种子样品）。
- 建立能代表种质遗传组成的有效群体（作物特定信息见SGRP-CGIAR，2010c）。
- 必要时控制授粉。例如，可考虑作物繁育系统中可能需要的物理隔离和（昆虫）辅助授粉。
- 去除生长在种植行之外的植物。
- 如可能，使用植物标本、影像资料和种子标本，以核实种质身份真实性，包括植物分类学鉴定和核实及目录性状的补充。
- 当确定原始种质中混有劣种植物时就要去除表型性状不同的混杂植株。
- 如可行，每次进行更新时对植物和种子进行拍照保存，以供日后参考。
- 观察记录可能由基因型异质性引起的表型异质性。
  ○ 考虑将分离种质作为特殊种质，以确保多样性得到保存并进行更有效的鉴定和利用。
  ○ 记录从原始种质中产生的分离群体（新种质编号）（Lehmann和Mansfeld，1957）。
- 收获后给种子批添加一个特定的标识符，以便于所有世代收获的种子批均能追溯到种质库的原始种质。
- 在生长季采集标本和图像，在收获时采集少量种子样本，以核对种质真实性。
- 在收获和加工处理过程中避免混杂和贴错标签。

✓ **种质更新的所有数据及其元数据，都应进行记录、验证并上传到种质库信息管理系统。**

　　考虑以下数据，包括：种植和收获日期、栽培措施（确定种植间距、除草、灌溉、施肥、农药施用等）及其施用日期、收获的株数、产量等。可考虑使用电子设备，以避免抄写错误，且便于上传到种质库信息管理系统。或者使用不褪色的墨水或铅笔记录数据，字迹要清晰可辨。使用条形码标签和条形码阅读器便于种质管理，并且可以减少人为错误。

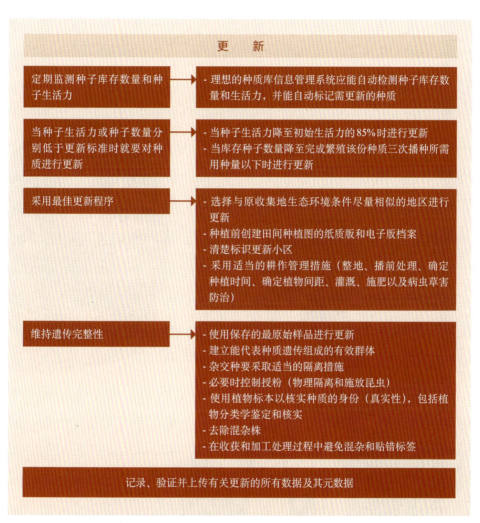

图6　更新环节各项活动工作流程概要图

水稻种质鉴定，非洲水稻中心

6 鉴 定

推荐种质库制定适用于种质鉴定的书面政策和/或程序，分步指导说明包括：田间设计、鉴定数据采集的生长季、使用的描述符（分类学、形态学、表型学、生物化学、营养学、生理学和分子学）以及数据采集和验证方式（图7）。

✓ **获取种质后应尽快尽可能多地获得鉴定数据。**

理想的情况是应尽快对所有种质进行鉴定[①]。种质鉴定信息获得的越快，种质就越有可能得到利用。至关重要的是工作人员必须在数据记录和田间工作方面受过良好训练。

✓ **鉴定可以结合更新进行。**

对于自交种，种质之间可以种植得比较近。对于异交种，最好种植在采用适当隔离方法（如隔离帐篷）的专用鉴定圃里。需要考虑的最佳措施：

- 采用经过精心挑选的核对（对照）种质或品种，并尽可能重复地增广试验设计，以获得可靠的鉴定数据（国际植物遗传资源研究所，2001）。
- 创建种植前已绘制的田间种植图的纸质版和电子版档案。
- 清楚标识小区（最好有条形码）。

尽可能地同时鉴定多份种质，以提高效率。

✓ **应对种质的一系列高度可遗传的形态特征进行鉴定，而且不同物种的特定鉴定程序需基于标准化和经校正的测量格式和类别，并尽可能采用国际通用的描述符清单[②]。**

使用标准化的作物描述符清单以及经校正和标准化的测量格式，有助于不同国家和不同研究单位之间的数据比较。已经制定了许多作物描述符清单，例如国际生物多样性中心（2018）、国际植物新品种保护联盟（UPOV，2011）、美国国家植物种质资源系统（USDA-ARS，2021）。如果一个物种缺乏

[①] 《种质库标准》4.5.1。

[②] 《种质库标准》4.5.2。

现成的描述符清单，建议使用国际生物多样性中心的作物描述符清单研发指南（国际生物多样性中心，2007）。需要考虑以下几方面内容：

- 使用同一块田地里的参照种质以方便评定打分。
- 如有必要，可以使用植物标本和尽可能高质量数字凭证图像来指导真实性识别，包括分类学鉴定和核实。
- 观察记录种质的遗传同质性或遗传异质性很重要。
- 为了获得同一份种质的不同植株间的变异性信息，对于变异性比较高的作物，需对单株进行测量而不是对小区进行测量。

如果是遗传异质种质，最好是将一份种质分成表型一致的两份或更多份不同的种质以便于鉴定和利用。因此，必须对原始种质的组成进行正确记录和资料汇编，对确定的新种质要给予新的编号（Lehmann和Mansfeld，1957）。对于自花授粉植物，出于某些目的，有可能需创建基于单株植物后代的纯系（Diederichsen和Raney，2008）。

✓ **表型鉴定后，如可行，使用分子标记和基因组学工具进行鉴定。**

分子标记有助于确保植物的真实性，帮助识别贴错标签的植物和重复种质。分子标记还可以用来检测遗传多样性以及种质内和种质间的亲缘关系。分子标记比较稳定，可以用于检测所有组织。分子标记技术包括基于DNA的标记和直接测序。根据需要和已有资料选择最佳方法[①]。分子鉴定工作可外包给专门实验室。

✓ **种质鉴定的所有数据及其元数据，都应进行记录、验证并上传到种质库信息管理系统。**

鉴定的数据包括：种植和收获日期、栽培管理措施（确定种植间距、除草、灌溉、施肥、农药施用等）及施用日期、使用的对照种质或品种、测量的描述符及其结果、记录日期、负责人员、实验室技术（分子技术等）及实施日期。可考虑使用电子设备，以避免抄写错误，且便于上传到种质库信息管理系统。或者，使用不褪色的墨水或铅笔记录数据，字迹要清晰可辨。使用条形码标签和条形码阅读器便于种质管理，并且可以减少人为错误。

✓ **公开相关鉴定数据。**

选择性地向种质库、国家、地区和全球范围的种质潜在使用者公开鉴定数据，有助于促进种质利用（见"信息汇编"章节）。因此，极力推荐公布鉴定数据。

---

① 在网上和纸质书上均能查到大量关于分子标记技术方面的资料。见"更多信息和文献"。

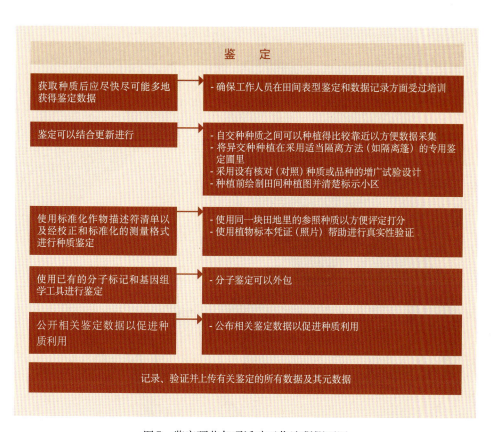

图7　鉴定环节各项活动工作流程概要图

豆类种质评价，国际热带农业研究中心乌干达办事处

7 评 价

　　建议种质库制定适用于种质评价的书面政策或规程，分步指导说明包括：种子取样方法、多点重复、多年设计、采集评价数据的生长季、采集的数据（农艺性状、生物抗性、非生物耐性和营养品质）以及数据分析和验证方式。应准确记录评价的方法（方案）、形式和措施并附引文（图8）。

✔ **应根据实际情况，尽可能地通过实验室、温室或田间试验获得多份种质的评价数据**[①]。

　　理想的情况是所有种质都能得到评价，以最大程度发挥其效用。事实上，种质库通常只能评价其中一部分种质。因此，需加强与国家或国际研究机构、不同农业生态环境条件的田间试验站、国家或地区遗传资源协作网络成员之间的合作。如果共享的种质是用于评价，那么建议要求反馈其评价数据并上传到种质库信息管理系统。

✔ **使用设置重复的试验设计并进行多环境、多年评价**[②]。

　　像产量和株高这类在评价中需要测量的性状，大多是由多基因控制的数量遗传性状，在评价期间性状的测量受环境影响很大。因此，它们更难测量。由于基因型与环境之间（G×E）的互作效应强，诸如产量性状及其组成部分具有地点特异性。需要考虑的最佳做法包括：

- 在统计设计中应定义和识别对照种质或品种，并要延续使用，因它们有助于不同地点和年份间的数据比较。
- 与植物育种家和其他专家，例如病毒学家、昆虫学家、真菌学家、植物病理学家、化学家、分子生物学家和统计学家一起确定需要评价的性状、需检测的种质及计划实施的试验设计。
- 使用适宜的筛选方案，确保所用方案国际通用。
- 创建种植前已绘制的田间种植图的纸质版和电子版档案。

---

① 《种质库标准》4.6.2。

② 《种质库标准》4.6.3。

图8 评价环节各项活动的工作流程概要图

● 清楚标识小区（最好有条形码）。

✔ **使用适当的方法提供评价数据。**

使用标准化的作物描述符清单和经校正和标准化的测量格式，有助于不同国家和不同研究单位之间的数据比较（见"鉴定"章节）[1]。根据测量法确定数据是离散值（如病害严重程度或非生物胁迫症状严重程度评分）还是连续值（如长度、高度、重量）。

✔ **如可行，使用分子标记和基因组学工具进行评价。**

利用与农艺性状紧密连锁的分子标记为种质评价提供一种快速且相对便宜的筛选方法。分子标记也很适合用来检测遗传多样性以及种质内和种质间的亲缘关系。分子标记比较稳定，可以用于所有组织的检测。分子标记技术包括基于DNA的标记和直接测序。根据需要和已有资料选择最佳方法[2]。如需要，可与分子育种者合作确定标记性状关联。

✔ **种质评价的所有数据及其元数据，都应进行记录、验证并上传到种质库信息管理系统。**

评价的数据包括：地点、种植和收获日期、栽培管理措施（确定种植间

---

① 《种质库标准》4.6.1。

② 在网上和纸质书上均能查到大量关于分子标记技术方面的资料。见"更多信息和文献"。

距、除草、灌溉、农药施用等）及施用日期、重复次数、使用的对照种质或品种、测量的描述符及其结果、记录日期、负责人员、实验室技术（分子技术等）及实施日期。可考虑使用电子设备，以避免抄写错误，且便于上传到种质库信息管理系统。或者，使用不褪色的墨水或铅笔记录数据，字迹要清晰可辨。使用条形码标签和条形码阅读器便于种质管理，并且可以减少人为错误。

✔ **公开相关评价数据。**

选择性地向种质库、国家、地区和全球范围的种质潜在使用者公布评价数据，促进种质利用（见"信息汇编"章节）。公布评价数据还将促进种质收集品的利用，尤其是植物育种者的利用。

©国际水稻研究所

数据采集，国际水稻研究所

8 信息汇编

建议种质库制定适用于管理种质库数据和信息的书面政策或规程，包括数据共享指南（图9）。

✔ **使用设计合理的种质库信息管理系统。**

理想的种质库信息系统应能够管理库存种质的保存与利用相关的所有数据和信息，包括护照、鉴定、评价、种子保藏和管理数据及其元数据。应提供内置的自动化工具，用于检查库存批次种子数量和生活力，并标识出需更新的种质。

GRIN-Global是由美国农业部农业研究服务局、全球作物多样性信托基金、国际生物多样性中心开发的系统，利用该系统种质库能够对植物遗传资源有关的信息进行存储和管理，且可免费获取（GRIN-Global，2021）。其他类似系统还包括亚洲蔬菜研究发展中心（AVRDC）蔬菜遗传资源信息系统（AVRDC，2021）、德国种质库信息系统（GBIS/I，2021）和巴西农业研究公司（Embrapa）开发的Alelo系统（Embrapa，2021）。

✔ **采用国际数据标准，确保不同信息系统和项目计划间共享数据的一致性。**

种质护照信息数据记录采用粮农组织/生物多样性中心的多作物护照信息描述规范（Alercia等，2015），种质鉴定和评价信息采用标准的、国际商定的、作物专用的描述规范[①]，将有利于不同国家和机构间的数据交换和种质对比。理想情况下，种质库所有库存种质都应有护照数据[②]。一个唯一的、永久的种质编号是正确信息管理和标识的关键，每份种质入库时必须进行编号。而且，不同种子批次或世代的种子种质，也应采用唯一标识。在不同信息系统和不同组织间进行信息共享时，也可以利用数字对象标识符，但数字对象标识符不能取代种质库唯一、永久的种质编号（Alercia，Diulgheroff和Mackay，2015；粮农组织，2021a）。

---

① 见"鉴定"和"评价"章节。

② 《种质库标准》4.7.1。

图9　信息汇编环节各项活动工作流程概要图

✔ 与种质保护和利用相关的所有数据和信息，包括图像和元数据，需经审核并上传到种质库信息管理系统[①]。

　　重要的是让工作人员接受数据记录和录入方面的培训，以便与信息汇编人员、种质收集负责人紧密合作。最好有工作人员专项负责管理种质库信息管理系统，确保数据实时更新。建议种质库负责人和信息汇编人员对数据进行审核，之后再上传到种质库信息管理系统。

✔ 使用移动设备采集数据。

　　使用条形码便于种质库管理，特别是文件资料记录归档。

✔ 纸质记录数字化，并采取相关措施检查手写和电子数据抄写录入是否错误。

✔ 在搜索查询数据库中公开数据。

　　种质库公布库存数据有利于种质的利用，可提高种质库的价值和声望。不太可能每个种质库都运维一个门户网站，供外部访问获取信息。种质库可以选择通过全球作物多样性信托基金管理的国际全球门户网站 Genesys 系统提供信息（Crop Trust，2021）。Genesys 系统可共享来自全球种质库的种质数据，包括种质护照信息、鉴定和评价数据及种质收集地相关的环境信息，以促进种质资源分发。也可以选择通过联合国粮农组织全球粮食和农业植物遗传资源信息及预警系统（WIEWS），公开种质库种质护照信息数据（粮农组织，2021d）。WIEWS 系统作为实现联合国可持续发展目标具体目标2.5中植物领域任务的数据库（联合国，2021），存储并发布了全球最大的异地收集种质护照信息（粮农组织，2021e）。

✔ 数据需定期复制（备份）并远程存储，以防止因火灾、计算机故障、数据泄露等造成的损失。

---

　　① 《种质库标准》4.7.2。

种子分发，北欧遗传资源中心

9 分　发

　　建议种质库制定适用于种质分发的书面政策或规程，包括核查法律履行情况、植物检疫及其他法规和要求，转运前准备和转运后流程的分步指导，以及必要时向条约秘书处、国家联络点，或其他指定授权机构报告（图10）。

✔ **种质库要遵守国家、区域和国际法规和协议**[①]。

　　种质资源分发过程受国家和国际法规的监管。当种质分发方面出现问题时，种质库应与指定机构进行沟通。以下信息有助于确保合规：

- 如果种质分发涉及其他国家，种质库应与《条约》秘书、国家联络点或其他指定授权机构进行沟通。
- 如果种质库所在国为《条约》缔约国，提供的作物或物种已列入《条约》附件1（粮农组织，1995），分发用途与《条约》中的预期用途（即粮食和农业领域研究、育种和培训）一致，需使用"标准材料转让协议"（粮农组织，2021b，2021c）。
- 如果种质库所在国并非《条约》缔约国，或种质未列入《条约》附件1，建议与种质接收方就种质资源分发相关的条款和条件达成协议，例如，包含种质或其衍生品的利用和后续共享、数据报告等。通常使用"材料转让协议"（AVRDC，2012），也可以使用"标准材料转让协议"。

✔ **为任何特定物种制定种子分发数量政策。**

　　对于大多数物种，种子数量充足的种质应提供100~200粒有生活力的种子样本[②]。

- 提出申请时，若库存数量太少且没有替代材料的种质，需待种质更新后，重新提出申请再提供。对于一些物种和某些用途，较少的种子量也足够。
- 如可行，考虑种质分发时附上双方签署的更新协议。在这种情况下，申请机构应具有必要的技术能力，并应在种质库工作人员的指导下，依照

---

① 《种质库标准》4.8.1。

② 《种质库标准》4.8.4。

种质库的流程进行更新。

✓ **要求提供并获得所需的文件资料。**

种质接收国需提供进口许可，明确规定植物检疫，以及包装要求等其他进口要求。接收国通常需要植物检疫证书、附加声明、赠与证明、无商业价值证明和进口许可证等文件资料。

✓ **主管当局或代理机构（即国家植物保护机构）安排种质检查或测试，以确保符合进口国家的法规，并签发植物检疫相关证书。**

✓ **尽量缩短从收到种子申请到种子分发的时间[①]。**

✓ **仔细地给样品贴上标签，处理过程中样品不能混杂。**

正确标识样品，最好使用机打标签，以减少抄写录入错误。每份种子的包装内、外都应有标识，确保种质被正确识别。

✓ **选择适宜的包装材料和运输方式，确保样品安全及时送达。**

要确保种质到达目的地种质库时状态良好，需注意文件处理所需时间、装运期、过境时间和过境条件（热带国家高温或高湿条件）。有关包装和运输的建议与种质获取的相关内容类似（见"种质获取"章节）。

✓ **需要的文件资料要放在货件里方便接收方查阅，同时也要附在货件包装外供海关官员检查，以确保顺利过境和边境检查[②]。**

在分发种质之前，需提前扫描有关文件并通过电子邮件发送给接收方，或邮寄纸质复印件。文件信息包括：

● 种质数据（分类清单，包括种质标识信息、种子批次/更新标识信息、样品数量和重量，以及关键护照信息数据）。

● 若适用，进口许可证、植物检疫证书或报关单。

✓ **与接收方对接，关注分发种质的货运情况和条件，并检查种质抵达目的地时的状态。**

建议与接收方对接，关注货运信息，并检查分发种质的状态和表现。

✓ **种质分发的所有数据及其元数据，都应进行记录、验证并上传到种质库信息管理系统。**

需要考虑的数据包括：申请者的姓名和地址、申请目的和申请日期；申请的样品、分发的样品、每个样品的种子数量和重量；相关的植物检疫证书和"标准材料转让协议"或"材料转让协议"；以及货运日志和使用者的反馈。可考虑使用电子设备以避免抄写错误，且便于上传到种质库信息管理系统。或者，使用不褪色的墨水或铅笔记录数据，字迹要清晰可辨。使用条形码标签和

---

① 《种质库标准》4.8.3。

② 《种质库标准》4.8.2。

条形码阅读器有助于种质管理，并减少人为错误。

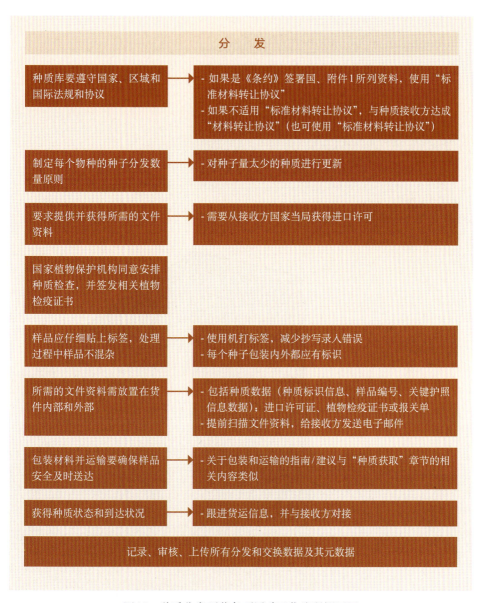

图10　种质分发环节各项活动工作流程概要图

斯瓦尔巴全球种子库，挪威

10 安全备份

建议种质库制定适用于种质安全备份的书面政策或规程，包括审查是否符合法律、植物检疫和其他法规和要求，以及转运前准备、转运后流程跟进和进度的分步指导（图11）。

✓ **对每份原始种质，都应在较远的地方、在适宜的条件下、采用适宜的方式进行安全备份。**

安全备份的样品通常作为基础收集品存放在另一地点，通常在另一个国家。中期库保存的样品也可以作为安全备份。选择安全备份地点时，需考虑最大程度降低风险、尽可能提供最好条件，同时还要考虑有足够的设施、充足的人员和财力资金。安全备份地点应位于社会政治和地质环境稳定的区域。另外，许多种质库将"黑箱"样本发送到斯瓦尔巴全球种子库或其他机构作为安全备份。在这种情况下，接收机构应仅将种质保藏在其长期库中，不应打开种子保存箱或种子包装。

✓ **送交种质库和接收种质库之间应达成法律协议，明确规定种质保存和管理的条款和条件。**

对于尚未与其他种质库达成原始种质安全备份协议的种质库，应考虑安全备份的最佳地点。

✓ **种质库应遵守法律、植物检疫和其他法规要求，且安全备份样品应附有相关信息。**

为保障种质及时转运，在筹备初期，即应与接收种质库充分讨论（接收种质库和接收国）所需文件、海关和检疫程序。

✓ **安全备份的种质样品应质量高、种子数量足。**

送交人有责任确保保存种质高质量。最佳做法包括：

● 确保安全备份样品干净、健康，初始生活力高。

● 确保安全备份样品数量充足，至少可进行三次更新（粮农组织，2014）[①]。

[①]　若可能，种子种质库中异花授粉物种的安全备份应包含至少500粒有生活力的种子；遗传同质种质至少300粒种子（见《种质库标准》第4.9章节）。

图11　安全备份环节各项活动工作流程概要图

- 包括未来用于活力检测的样品。
- 基于原种质库基础收集品的生活力监测数据，确定是否需要对安全备份样品进行生活力监测（如果有样品可用于监测），或者是否需要将安全备份样品进行替换。

✔ **仔细地给样品贴上标签，确保处理过程样品不混杂。**

重要的是使用耐用、防潮的种子包装，以维持生活力，同时确保样品标识正确，最好使用机打标签，以减少出现名称和数字的抄写录入错误。

✔ **选择适宜的包装材料和运输方式，确保安全及时送达。**

确保种质到达目的种质库时种质状况良好，注意文件处理流程所需时间、装运期、过境时间和过境条件（热带国家高温或高湿条件）。最佳做法包括：

- 将用于安全备份的所有种子样品包装在标识清晰、真空四面密封、没有衬板的三层铝箔袋中。
- 每个包装内外都应有标识，确保种质被正确识别。
- 有关包装和运输的指南/建议与种质分发的相关内容类似（见"分发"章节）。

✔ **安全备份样品都应附有相关文件资料信息**[①]。

如适用，建议随件附上相关文件资料信息，明细清单包括种质标识信息、关键护照数据、种子总量（重量或数量）、容器类型，以及进口许可证、植物检疫证书或报关单。在发送种质之前，需注意提前扫描文件资料并通过电子邮件发送给接收方，或邮寄纸质复印件。

✔ **安全备份的所有数据及其元数据，都应记录、验证并上传到种质库信息管理系统。**

需要考虑的数据包括：安全备份样品的位置，包装日期、发送的样品、种子数量、包装信息，以及货运日志和相关的法律协议、植物检疫证书等。考虑使用电子设备以避免抄写错误，且便于上传到种质库信息管理系统。否则，使用不褪色的墨水或铅笔记录数据，字迹要清晰可辨。使用条形码标签和条形码阅读器有助于种质管理，并减少人为错误。

✔ **定期审查种质库信息管理系统，确保识别出尚未安全备份的种质，并适时准备进行安全备份。**

---

① 《种质库标准》4.9.2。

© Shawn Landersz

机器脱粒，国际热带农业研究所

11 人员和安全

人员

　　建议种质库制定人员策略，包括继任计划，确保年度经费预算并定期审计（图12）。

✔ **种质库的人力资源计划有年度预算支持，工作人员需具备承担种质库工作所需的关键知识、技能、经验和资格。**

　　管理种质库，至少需要培训工作人员，使其具有承担工作的基本能力，界定工作人员职责[①]。应考虑以下几点：

- 根据实际情况，对种质库管理者和承担特定任务的工作人员，定期审查和更新标准操作程序。
- 确保管理者和技术支撑人员具备农业、园艺和栽培植物及其野生近缘种分类等方面的知识和技能。
- 能够接触到分类学、生理学、植物病理学、育种学和群体遗传学等学科和技术专家。
- 定期举办在职培训班，确保工作人员能够定期参加培训，以了解最新发展情况。
- 轮换岗位，使工作尽可能多样化，在可能的情况下，让员工参与会议和讨论。
- 表彰和奖励优秀员工，以留住有能力的员工。

✔ **人员风险管理：包括风险识别、分析和管理。**

　　安全保存取决于对风险的准确评估和适当管理（见"附录"）。因此，所有种质库都应制定和实施风险管理策略，处理工作人员、种质和相关信息所在日常环境中的物理和生物风险。

[①] 《种质库标准》4.10.3。

安全

建议种质库制定书面的风险管理策略，包括处理断电、火灾、洪水、地震、战争和内乱的措施[①]。依据不断变化的情况和新技术，应定期审查和更新管理策略及其行动方案。

✓ **风险管理策略**

风险管理策略包括以下组成部分（SGRP-CGIAR，2010d）：

- 沟通和协商：确保所有参与实施风险管理系统的人员都了解该系统的概念、方法、术语、文件要求和决策过程。

- 确立背景：考虑到种质库的目标/活动/任务，相关活动运作的环境，以及利益相关者。

- 风险识别：对种质库操作的相关风险进行盘点。

- 风险分析：评估已识别风险的潜在影响（或后果）及其可能性（概率）。

- 风险评估：确定可接受的风险水平。

- 风险处理：确定需要采取的行动，以处理那些目前总体风险评级中不可接受的风险，优先处理评级最高的残留风险。

- 监测和审查：分析风险管理系统，并评估是否需要改进系统。应明确界定并记录监测和审查的责任。

✓ **种质库中需任命负责职业安全和健康（OSH）的工作人员，并接受职业安全和健康培训。**

职业安全和健康涉及工作场所健康和安全的所有方面，并强调危害的初级预防[②]。多数国家都有职业安全和健康政策。国际劳工组织（ILO）提供各国有关职业安全和健康的国别情况（ILO，2021）。

✓ **所有工作人员都应了解职业安全和健康要求，并实时了解相关政策更新。**

建议让种质库所有工作人员都了解风险管理策略的细节，清楚每个人都有责任执行和监测该策略及行动方案。需要考虑以下做法：

- 确保种质库中风险较高的区域张贴职业安全和健康规则。

- 通过在田间、温室和实验室环境开展定期培训，指导工作人员正确安全地使用设备。

- 选择合适的和国家批准的农用化学品以减少风险。

- 按照职业安全和健康要求提供未损坏的防护设备和防护服，并确保定期检查，并按要求使用。职业安全和健康官负责安全设备保养。

---

① 《种质库标准》4.10.1。

② 《种质库标准》4.10.2。

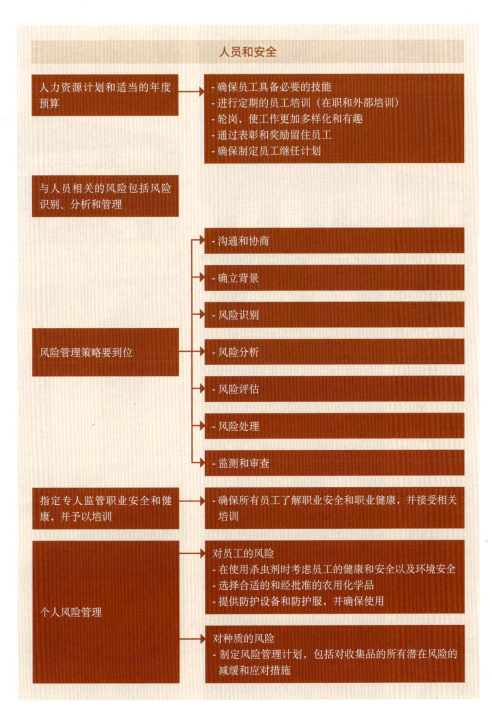

图12 人员和安全环节各项活动工作流程概要图

种子保藏设施，印度尼西亚国家种质库

12 基础设施和设备

本章主要介绍种子种质库的基础设施和设备（表2）。正常型种子的长期保藏是建立在种子低含水量和低温条件下密闭保存的基础上的。因此，种质库的基础设施主要包括种子干燥和保藏设施，配套的实验室、温室、大田以及办公设施，用于种子清洁、生活力检测、健康检测、更新、鉴定和评价、信息汇编和种子分发等（表2）。

在种质库设施设计或改建时，需要考虑以下因素：①设施的功能（研究、中期和长期保藏）；②预计年处理种质数量，以及保藏种质的数量、体积和重量；③预计分发的比率；④当地气候条件（热带地区尤其重要的潜在污染问题）；⑤工作人员的数量。

印度的一项案例研究中，计算了种质库设施的建设成本，以及种质的获得、处理、保藏（中期和长期）、监测和更新的成本（Singh等，2012）。英国千年种质库（The Millennium Seed Bank）发布的一系列技术信息册，提供了一些有用的背景信息，以及种质库关键环节和区域的具体规范（皇家植物园，未注明日期）。需要注意，不一定需要运行成本较高的设施，小规模的种质库只要简单的脱水干燥技术和冰箱/冰柜也可以实现高质量保存。

表2　种子种质库常规基础设施和设备（建议）

种质库操作/管理区
常规需求
办公空间和办公用品；计算机、打印机及其配件；气候数据记录仪；电子数据记录和条形码阅读器的移动设备；科学和技术文献检索；互联网接入。
种质获取
收集设备包括布袋或纸袋，标签（最好带条形码），手持式放大镜，剪刀，枝剪，防水布，包装材料，标本夹，简易干燥器。 采集数据表或移动电子数据记录设备、GPS 或高度计。

(续)

种质库操作/管理区

干燥和保藏

干燥间及相关种质处理间或其他适当的干燥设施，电子湿度监测器或其他测量湿度仪器。

用于长期保存的密封容器或三层铝箔袋、封口机，用于中期保藏的易打开的密封容器，标签（带条形码），天平，种子计数器，数据表或用于电子数据记录的移动设备，条形码读码器。

低温间用于放置制冷设备或冰箱、恒温器、低温报警器、人员紧急按钮。

种子生活力监测

发芽检测设施包括培养基准备区、检测区、解剖设备、显微镜、可控环境（植物生长室、发芽室、培养箱）、生活力检测表、数据表或用于电子数据记录的移动设备、条形码读码器。

更新

根据需要，大田、实验室或温室区域。
隔离帐篷、二年生蔬菜的越冬保存区、多年生苗圃的围栏区。
授粉媒介饲养设备、培育箱。
生长室（如需植物检疫）。
根据物种特性和需求，准备田间、温室、屏风室设备及机械。
木桩和标签（最好是条形码标签），带标签的布袋或其他适宜的容器。
电子数据记录用数据表或移动设备，条形码读码器。

鉴定和评价

根据需要，大田、实验室或温室区域。
根据所记录的物种和待记录的性状，配备田间、实验室、温室、屏风室的设备和机械。
木桩和标签（最好是条形码标签），带标签的布袋或其他适宜的容器。
如有，分子标记（RAPD、ISSR、SSR）仪器。
电子数据记录用数据表或移动设备，条形码读码器。

信息汇编

设计数据库、种质库信息管理系统，需遵照FAO、生物多样性中心的多作物护照描述符和其他数据标准，例如GRIN-Global。

数据库内置的自动化工具，监测种质批的保存数量和生活力，标记需更新种质。

数据备份及保存。

分发和安全备份

天平，种子计数器，三层铝箔袋，封袋器，标签（最好是条形码标签），包装材料。
电子数据记录用数据表或移动设备，条形码读码器。

（续）

种质库操作/管理区
安全和人员

发电机，灭火设备，安全摄像头，警报系统，安全门。

防护服和防护装备，如防尘口罩、手套和鞋类。

13 参 考 文 献

Alercia, A., Diulgheroff, S. & Mackay, M. 2015. *FAO/Bioversity Multi-Crop Passport Descriptors V.2.1 [MCPD V.2.1]*. Rome, FAO and Bioversity International. 11 p. http://www.bioversityinternational.org/e-library/publications/detail/faobioversity-multi-crop-passport-descriptors-v21-mcpd-v21/.

AOSA (Association of Official Seed Analysts). 2021. *Association of Official Seed Analysts*. Wichita, USA. Cited 29 October 2021. https://www.analyzeseeds.com.

AVRDC (World Vegetable Center). 2012. *Material Transfer Agreement for Germplasm Accessions*. Shanhua, Taiwan Province of China. Cited 29 October 2021. https://avrdc.org/?wpfb_dl=524.

AVRDC. 2021. *Vegetable Genetic Resources Information System*. Shanhua, Taiwan Province of China. Cited 29 October 2021. https://avrdc.org/our-work/managing-germplasm.

Bioversity International. 2007. *Guidelines for the development of crop descriptor lists*. Bioversity Technical Bulletin Series. Rome. https://www.bioversityinternational.org/index.php?id=244&tx_news_pi1%5Bnews%5D=1053&cHash=39138c10e405dcf0f918c6670c877b4f.

Bioversity International. 2018. *Descriptors*. Rome. Cited 29 October 2021. https://www.bioversityinternational.org/e-library/publications/categories/descriptors/?L=0&cHash=2a5afb80deee509d79ba1b4e1f13e003.

CBD (Convention on Biological Diversity). 2018. *Frequently asked questions on access and benefit-sharing (ABS)*. Montreal, Canada. https://www.cbd.int/abs/doc/abs-factsheet-faq-en.pdf.

CGIAR Genebank Platform. 2021. *Quality management*. Bonn, Germany. Cited 29 October 2021. https://www.genebanks.org/the-platform/quality-management.

Crop Trust. 2021. *Genesys*. Bonn, Germany. Cited 29 October 2021. https://www.genesys-pgr.org.

Diederichsen, A. & Raney, J.P. 2008. Pure lining of flax (*Linum usitatissimum* L.) genebank accessions for efficiently exploiting and assessing seed character diversity. *Euphytica*, 164: 255–273. https://doi.org/10.1007/s10681-008-9725-2.

Ellis, R.H., Nasehzadeh, M., Hanson, J. & Woldemariam, Y. 2019. Medium-term seed storage of diverse genera of forage grasses, evidence-based genebank monitoring intervals, and regeneration standards. *Genet. Resour. Crop Evol.*, 66: 723–734. https://doi.org/10.1007/s10722-017-0558-5.

Embrapa. 2021. *Alelo*. Brasilia. Cited 29 October 2021. http://alelo.cenargen.embrapa.br/alelo_en.html.

FAO (Food and Agriculture Organization of the United Nations). 1995. *Annex I List of crops covered under the Multilateral System*. Rome. https://www.fao.org/3/bc084e/bc084e.pdf.

FAO. 2014. *Genebank Standards for Plant Genetic Resources for Food and Agriculture*. Rome. http://www.fao.org/3/a-i3704e.pdf.

FAO. 2021a. *Digital Object Identifiers (DOI)*. Rome. Cited 29 October 2021. http://www.fao.org/plant-treaty/areas-of-work/global-information-system/doi/en.

FAO. 2021b. *The Multilateral System*. Rome. Cited 29 October 2021. https://www.fao.org/plant-treaty/areas-of-work/the-multilateral-system/the-smta/en.

FAO. 2021c. *Easy-SMTA Homepage*. Rome. Cited 29 October 2021. https://mls.planttreaty.org/itt.

FAO. 2021d. *WIEWS - World Information and Early Warning System on Plant Genetic Resources for Food and Agriculture*. Rome. Cited 29 October 2021. https://www.fao.org/wiews/en.

FAO. 2021e. *WIEWS:* Ex Situ *(SDG 2.5.1) – Overview*. Rome. Cited 29 October 2021. https://www.fao.org/wiews/data/ex-situ-sdg-251/overvew/en.

GBIS/I. 2021. *GBIS - The information system of the German Genebank. Gatersleben*. Cited 29 October 2021. https://www.denbi.de/services/349-gbis-the-information-system-of-the-german-genebank.

GRIN-Global. 2021. *The GRIN-Global Project*. Fort Collins, USA. Cited 29 October 2021. https://www.grin-global.org.

Guarino, L.G., Rao, L.R. & Reid, V., eds, 1995. *Collecting plant genetic diversity. Technical guidelines*. Wallingford, UK, CAB International. https://www.bioversityinternational.org/e-library/publications/detail/collecting-plant-genetic-diversity/.

Hay, F.R. & Whitehouse, K.J. 2017. Rethinking the approach to viability monitoring in seed genebanks. *Conservation Physiology*, 5(1). https://doi.org/10.1093/conphys/cox009.

IITA (International Institute of Tropical Agriculture). 2012. *Standard Operation Procedures (SOP) for IITA Seedbank*. Ibadan, Nigeria. https://www.iita.org/wp-content/uploads/2017/SOP_for_IITA_Seedbank.pdf.

ILO (International Labour Organization). 2021. *Country profiles on occupational safety and health and labour inspection*. Geneva, Switzerland. Cited 29 October 2021. https://www.ilo.org/global/topics/safety-and-health-at-work/country-profiles/lang-en/index.htm.

IPGRI (International Plant Genetic Resources Institute). 2001. *Design and analysis of evaluation trials of genetic resources collections. A guide for genebank managers.* IPGRI Technical Bulletin No. 4. Rome. https://cropgenebank.sgrp.cgiar.org/images/file/learning_ space/technicalbulletin4.pdf.

IPPC (International Plant Protection Convention). 2021. *List of NPPOs of IPPC Contracting parties* . Rome. Cited 29 October 2021. https://www.ippc.int/en/countries/nppos/list-countries.

ISTA (International Seed Testing Association). 2021. *International Seed Testing Association – ISTA.* Wallisellen, Switzerland. Cited 29 October 2021. https://www.seedtest.org/en/home.html.

Lehmann, C. & Mansfeld, R. 1957. Zur Technik der Sortimentserhaltung. *Die Kulturpflanze,* 5: 108–138. https://doi.org/10.1007/BF02095492.

Nagel, M. & Börner, A. 2010. The longevity of crop seeds stored under ambient conditions. *Seed Science Research*, 20(1): 1–12. https://doi.org/10.1017/S0960258509990213.

RBG (Royal Botanic Gardens). undated. *Resources.* Kew, UK. Cited 29 October 2021. https://brahmsonline.kew.org/msbp/Training/Resources.

RBG. 2014. *Identifying desiccation sensitive seeds.* Kew, UK. Cited 29 October 2021. http://brahmsonline.kew.org/Content/Projects/msbp/resources/Training/10-Desiccation-tolerance.pdf.

RBG. 2015. *Germination testing: procedures and evaluation.* Technical Information Sheet_13a. Kew, UK. Cited 29 October 2021. http://brahmsonline.kew.org/Content/Projects/msbp/resources/ Training/13a-Germination-testing-procedures.pdf.

RBG. 2018. *Seed Information Database (SID). Version 7.1.* Kew, UK. Cited 3 March 2018. http://data.kew.org/sid.

Rao, N.K., Hanson, J., Dulloo, M.E., Ghosh, K., Nowell, D. & Larinde, M. 2006. *Handooks for Genebanks No. 8: Manual of seed handling in genebanks.* Rome, Biodiversity International. https://www.bioversityinternational.org/e-library/publications/detail/seed-handling-in-genebanks.

SGRP-CGIAR (System-wide Genetic Resources Programme-CGIAR). 2010a. *Crop Genebank Knowledge Base - Seed Bank.* Rome. Cited 29 October 2021. https://cropgenebank. sgrp.cgiar.org/index.php/procedures-mainmenu-242/conservation-mainmenu-198/seed-bank-mainmenu-199.

SGRP-CGIAR. 2010b. *Crop Genebank Knowledge Base - Guidelines for testing germination of the most common crop species.* Rome. Cited 29 October 2021. https://cropgenebank.sgrp.cgiar. org/images/file/procedures/guidelines%20for%20testing%20germination%20of%20the%20 most%20common%20crop%20species.pdf.

SGRP-CGIAR. 2010c. *Crop Genebank Knowledge Base - Regeneration.* Rome. Cited 29 October 2021. https://cropgenebank.sgrp.cgiar.org/index.php/procedures-mainmenu-242/regeneration-mainmenu-206.

SGRP-CGIAR. 2010d. *Crop Genebank Knowledge Base - Risk management.* Rome. Cited 29

October 2021. https://cropgenebank.sgrp.cgiar.org/index.php/management-mainmenu-433/risk-management-mainmenu-236.

SGRP-CGIAR. 2011. *Crop Genebank Knowledge Base - Collecting plant genetic diversity: Technical guidelines. 2011 update* online]. Rome. Cited 29 October 2021. https://cropgenebank.sgrp.cgiar.org/index.php?option=com_content&view=article&id=390&Itemid=557.

Singh, A.K., Varaprasad, K.S. & Venkateswaran, K. 2012. Conservation costs of plant genetic resources for food and agriculture: seed genebanks. *Agricultural Research*, 1(3): 223–239. https://doi.org/10.1007/s40003-012-0029-3.

United Nations. 2021. *SDG Indicators*. New York, USA. Cited 29 October 2021. https://unstats.un.org/sdgs/metadata?Text=&Goal=2&Target=2.5.

UPOV (International Union for the Protection of New Varieties of Plants). 2011. *Descriptor lists*. Geneva, Switzerland. Cited 29 October 2021. https://www.upov.int/tools/en/gsearch.html?cx=016458537594905406506%3Asa0ovkspdxw&cof=FORID%3A11&q=descriptor.

USDA-ARS (United States Department of Agriculture-Agricultural Research Service). 2021. *U.S. National Plant Germplasm System – Descriptors*. Fort Collins, USA. Cited 29 October 2021. https://npgsweb.ars-grin.gov/gringlobal/descriptors.

Way, M. 2003. Collecting seed from non-domesticated plants for long-term conservation. *In* R.D. Smith, J.D. Dickie, S.H. Linington, H.W. Pritchard & R.J. Probert, eds. *Seed conservation: turning science into practice*, pp. 163–201. Kew, UK, Royal Botanic Gardens.

14　更多信息和文献

　　下列参考文献，提供了种质库操作和管理相关的指导和技术背景。更多参考文献请查阅《粮食和农业植物遗传资源种质库标准》（粮农组织，2014）。

常规阅读

Ellis, R.H., Hong, T.D. & Roberts, E.H. 1985. *Handbook of seed technology for genebanks.* Rome, IBPGR. https://www.bioversityinternational.org/e-library/publications/detail/handbook-of-seed-technology-for-genebanks-1.

Engels, J.M.M. & Visser, L., eds. 2003. *A guide to effective management of germplasm collections. IPGRI handbooks for genebanks No. 6.* Rome, IPGRI. 165 p. https://www.bioversityinternational.org/e-library/publications/detail/a-guide-to-effective-management-of-germplasm-collections.

Greene, S.L., Williams, K.A., Khoury, C.K., Kantar, M.B. & Marek, L.F. 2018. *North American crop wild relatives, Volume 1.* Cham, Germany, Springer. https://doi.org/10.1007/978-3-319-95101-0.

International Treaty on Plant Genetic Resources for Food and Agriculture. 2021. *International Treaty on Plant Genetic Resources for Food and Agriculture Organization of the United Nations.* Rome. Cited 2 November 2021. http://www.fao.org/plant-treaty/en.

IPK (Leibniz Institute). undated. *Mansfeld's World Database of Agriculture and Horticultural Crops.* Gatersleben, Germany. Cited 2 November 2021. http://mansfeld.ipk-gatersleben.de/apex/f?p=185:3.

Upadhyaya, H.D. & Gowda, C.L. 2009. *Managing and Enhancing the Use of Germplasm – Strategies and Methodologies.* Technical Manual No. 10. Patancheru, India, International Crops Research Institute for the Semi-Arid Tropics. 236 p.

Wiersema, J.H. & Schori, M. 1994. *Taxonomic information on cultivated plants in GRIN-Global.* https://npgsweb.ars-grin.gov/gringlobal/taxon/abouttaxonomy.aspx.

获取和分发

Bioversity International. 2009. *Descriptors for farmers' knowledge of plants.* Rome. https://

cgspace.cgiar.org/handle/10568/74492.

ENSCONET. 2009. *Seed collecting manual for wild species.* http://www.plants2020.net/document/0183.

Eymann, J., Degreef, J., HŠuser, C., Monje, J.C., Samyn, Y. & VandenSpiegel, D., eds. 2010. *Manual on field recording techniques and protocols for all taxa biodiversity inventories and monitoring. Abc Taxa*, 8: 331–653. http://www.abctaxa.be/volumes/volume-8-manual-atbi.

Greiber, T., Peña Moreno, S., Ahrén, M., Nieto Carrasco, J., Kamau, E.C., Cabrera Medaglia, J., Oliva, M.J., & Perron-Welch, F. (in cooperation with Ali, N. & Williams, C.). 2012. *An Explanatory Guide to the Nagoya Protocol on Access and Benefit-sharing*. Gland, Switzerland. IUCN. xviii + 372 p. https://cmsdata.iucn.org/downloads/an_explanatory_guide_to_the_nagoya_protocol.pdf.

Hay, F.R. & Probert, R.J. 2011. *Collecting and handling seeds in the field.* In: L, Guarino, V. Ramanatha Rao & E. Goldberg, eds. *Collecting plant genetic diversity: Technical guidelines –* 2011 update. Rome, Bioversity International. https://cropgenebank.sgrp.cgiar.org/index.php?option=com_content&view=article&id=655.

Lopez, F. 2015. *Digital Object Identifiers (DOIs) in the context of the International Treaty.* http://www.fao.org/fileadmin/templates/agns/WGS/10_FAO_gs_activities_ITPGRFA_20151207.pdf.

Mathur, S.B. & Kongsdal, O. 2003. *Common laboratory seed health testing methods for detecting fungi.* Bassersdorf, Switzerland, International Seed Testing Association.

Maya-Lastra, C.A. 2016. ColectoR, a digital field notebook for voucher specimen collection for smartphones. *Applications in Plant Sciences*, 4(7). https://doi.org/10.3732/apps.1600035.

Moore, G. & Williams, K.A. 2011. Legal issues in plant germplasm collecting. In: L. Guarino, V. Ramanatha Rao & E. Goldberg, eds. *Collecting plant genetic diversity: Technical guidelines –* 2011 update. Rome, Bioversity International. https://cropgenebank.sgrp.cgiar.org/index.php?option=com_content&view=article&id=669.

Ni, K.J. 2009. Legal aspects of prior informed consent on access to genetic resources: An analysis of global law-making and local implementation toward an optimal normative construction. *Vanderbilt Journal of Transnational Law*, 42: 227–278.

RBG (Royal Botanic Gardens). 2014. *Assessing a population for seed collection.* Millennium Seed Bank technical information sheet 02. Kew, UK. http://brahmsonline.kew.org/Content/Projects/msbp/resources/Training/02-Assessing-population.pdf.

RBG. 2014. *Seed collecting techniques.* Millennium Seed Bank technical information sheet 03. Kew, UK. http://brahmsonline.kew.org/Content/Projects/msbp/resources/Training/03-Collecting-techniques.pdf.

RBG. 2014. *Post harvest handling.* Millennium Seed Bank technical information sheet 04. Kew, UK. http://www.anayglorious.in/sites/default/files/04-Post%20harvest%20handling%20web_0.pdf.

59

Smith, R.D., Dickie, J.B., Linington, S.H., Pritchard, H.W. & Probert, R.J., eds. 2003. *Seed conservation: turning science into practice*. Kew, UK, Royal Botanic Gardens.

Sheppard, J.W. & Cockerell, V. 1996. *ISTA handbook of method validation for the detection of seedborne pathogens*. Basserdorf, Switzerland, International Seed Testing Association.

Way, M. 2011. *Collecting and recording data in the field: media for data recording*. In: L. Guarino, V. Ramanatha Rao & E. Goldberg, eds. *Collecting plant genetic diversity: technical guidelines – 2011 update*. Rome, Bioversity International. https://cropgenebank.sgrp.cgiar.org/index.php?option=com_content&view=article&id=659.

干燥和保藏

Ellis, R.H. 1991. The Longevity of Seeds. *HortScience*, 26: 1119–1125.

Ellis, R.H. & Hong, T.D. 2006. Temperature sensitivity of the low-moisture-content limit to negative seed longevity–moisture content relationships in hermetic storage. *Annals of Botany*, 97(5): 785–791. https://doi.org/10.1093/aob/mcl035.

Ellis, R.H. & Hong, T.D. 2007. Quantitative response of the longevity of seed of twelve crops to temperature and moisture in hermetic storage. *Seed Science and Technology,* 35: 432–444. https://doi.org/10.15258/sst.2007.35.2.18.

Ellis, R.H., Hong, T.D. & Roberts, E.H. 1985. Sequential germination test plans and summary of preferred germination test procedures. *Handbook of seed technology for genebanks. Vol I: Principles and methodology*. Chapter 15, pp. 179–206. Rome, International Board for Plant Genetic Resources. https://www.bioversityinternational.org/fileadmin/user_upload/online_library/publications/pdfs/52.pdf.

Pérez-García, F., Gómez-Campo, C. & Ellis, R.H. 2009. Successful long-term ultra-dry storage of seed of 15 species of *Brassicaceae* in a genebank: variation in ability to germinate over 40 years and dormancy. *Seed Science and Technology*, 37(3): 640–649. https://doi.org/10.15258/sst.2009.37.3.12.

RBG. 2014. *Selecting containers for long-term seed storage*. Millennium Seed Bank technical information sheet 06. Kew, UK. http://brahmsonline.kew.org/Content/Projects/msbp/resources/Training/06-Containers.pdf.

RBG. 2014. *Low cost moisture monitors*. Millennium Seed Bank technical information sheet 07.Kew, UK. http://brahmsonline.kew.org/Content/Projects/msbp/resources/Training/07-Low-cost-moisture-monitors.pdf.

RBG. 2014. *Small-scale drying methods*. Millennium Seed Bank technical information sheet 08. Kew, UK. http://brahmsonline.kew.org/Content/Projects/msbp/resources/Training/08-Small-scale-drying-methods.pdf.

Whitehouse, K.J., Hay, F.R. & Ellis, R.H. 2015. Increases in the longevity of desiccation-phase developing rice seeds: response to high-temperature drying depends on harvest moisture content.

Annals of Botany, 116(2): 247–259. https://doi.org/10.1093/aob/mcv091.

种子生活力监测

AOSA (Association of Official Seed Analysts). 2016. *AOSA Rules for Testing Seeds. Volume1 Principles and Procedures*. http://www.agriculture.ks.gov/docs/default-source/public-comment-on-proposed-regulations/docs-adopted-for-kar-4-2-8/volume-1---aosa-rules-for-testing-seeds.pdf?sfvrsn=4.

AOSA & SCST (Society of Commercial Seed Technologists). undated. *Test Methods for Species without Rules*. https://www.analyzeseeds.com/test-methods-for-species-without-rules.

Ellis, R.H., Nasehzadeh, M., Hanson, J. & Woldemariam, Y. 2017. Medium-term seed storage of 50 genera of forage legumes and evidence-based genebank monitoring intervals. *Genetic Resources and Crop Evolution*, 65: 607–623. https://doi.org/10.1007/s10722-017-0558-5.

ENSCONET. 2009. *ENSCONET Curation Protocols and Recommendations*. http://ensconet.maich.gr/PDF/Curation_protocol_English.pdf.

ENSCONET. 2009. *ENSCONET Germination Recommendations UPDATED*. http://ensconet.maich.gr/PDF/Germination_recommendations_English.pdf.

Hay, F.R., Mead A., Manger, K. & Wilson F.J. 2003. One-step analysis of seed storage data and the longevity of *Arabidopsis thaliana* seeds. *Journal of Experimental Botany,* 54(384): 993–1011. https://doi.org/10.1093/jxb/erg103.

Hay, F.R. & Probert, R.J. 2013. Advances in seed conservation of wild plant species: a review of recent research. *Conservation Physiology*, 1(1). https://doi.org/10.1093/conphys/cot030.

Hay, F.R. & Whitehouse, K.J. 2017. Rethinking the approach to viability monitoring in seed genebanks. *Conservation Physiology*, 5(1). https://doi.org/10.1093/conphys/cox009.

ISTA (International Seed Testing Association). 2018. *International Rules for Seed Testing 2018*. Basserdorf, Switzerland. https://www.seedtest.org/en/international-rules-_content---1--1083.html.

Nagel, M., Rehman Arif, M.A., Rosenhauer, M. & Börner, A. 2010. *Longevity of seeds – intraspecific differences in the Gatersleben genebank collections*. Tagungsband der 60. Jahrestagung der Vereinigung der Pflanzenzüchter und Saatgutkaufleute Österreichs 2009, pp. 179–181. http://www.ecpgr.cgiar.org/fileadmin/templates/ecpgr.org/upload/NW_and_WG_UPLOADS/Wheat_Misc/GUMP_NAGEL_2010.pdf.

Mondoni, A., Probert, R.J., Rossi, G., Vegini, E. & Hay, F.R. 2011. Seeds of alpine plants are short lived: implications for long-term conservation. *Annals of Botany*, 107(1): 171–179. https://doi.org/10.1093/aob/mcq222.

Probert, R.J., Daws, M.I. & Hay, F.R. 2009. Ecological correlates of *ex situ* seed longevity: a comparative study on 195 species. *Annals of Botany*, 104(1): 57–69. https://doi.org/10.1093/aob/mcp082.

RBG. undated. *Seed Information Database: Seed Viability*. Kew, UK. Cited 4 November 2021.

http://data.kew.org/sid/viability.

Santos, L.G. 2017. *Sequential sampling for seed viability testing at CIAT's genebank*. Paper presented 23 May 2017, Addis Ababa. https://cgspace.cgiar.org/bitstream/handle/10568/89648/ SEEDS_SEQUENTIAL_SAMPLING_ETHIOPIA_May-22-2017.pdf?sequence=1.

Walters, C., Wheeler, L.M. & Grotenhuis, J.M. 2005. Longevity of seeds stored in a genebank: species characteristics. *Seed Science Research*, 15(1): 1–20. https://doi.org/10.1079/SSR2004195.

更新

Ahuja, M.R. & Jain, S.M. 2015. *Genetic diversity and erosion in plants: indicators and prevention*. New York, USA,. Springer. 327 p.

Breese, E.L. 1989. *Regeneration and multiplication of germplasm resources in seed genebanks: the scientific background*. Rome, International Board for Plant Genetic Resources. http://www. bioversityinternational.org/fileadmin/bioversity/publications/Web_version/209/begin.htm.

Crossa, J. 1995. Sample size and effective population size in seed regeneration of monecious species. *In* J.M.M. Engels & R. Rao, eds. *Regeneration of seed crops and their wild relatives*, pp. 140–143. Proceedings of a consultation meeting, 4–7 December 1995. Hyderabad, India, ICRISAT, and Rome, IPGRI. https://cropgenebank.sgrp.cgiar.org/images/file/learning_space/ regeneration_seed_crops.pdf.

Crossa, J. & Vencovsky, R. 2011. Basic sampling strategies: theory and practice. In: L. Guarino, V. Ramanatha Rao & E. Goldberg, eds. *Collecting plant genetic diversity: technical* guidelines – 2011 *update*. Rome, Bioversity International. ISBN 978- 92-9043- 922- 926. https:// cropgenebank.sgrp.cgiar.org/images/file/procedures/collecting2011/Chapter5-2011.pdf.

Dulloo, M.E., Hanson, J., Jorge, M.A. & Thormann, I. 2008. *Regeneration guidelines: General guiding principles*. Rome, Bioversity International. https://cropgenebank.sgrp.cgiar.org/images/ file/other_crops/Introduction_ENG.pdf.

Engels, J.M.M. & Rao, R., eds. 1995. *Regeneration of seed crops and their wild relatives*, pp. 140–143. Proceedings of a consultation meeting, 4–7 December 1995. Hyderabad, India, ICRISAT, and Rome, IPGRI.

Jorge, M.A. 2009. *Introduction to guidelines on regeneration of accessions in genebanks*. Paper presented at International Course on Plant Genetic Resources and Genebank Management, 2009, Suwon, Korea. https://cropgenebank.sgrp.cgiar.org/images/file/learning_space/korea_workshop/ lecture1and2/Lecture%202%20-%20regeneration%20guidelines.pdf.

Sackville Hamilton, N.R & Chorlton, K.H. 1997. *Regeneration of accessions in seed collections: A decision guide*. Handbook for Genebanks No. 5. Rome, IPGRI. https://www. bioversityinternational.org/e-library/publications/detail/regeneration-of-accessions-in-seed-collections.

鉴定和评价

Alercia, A. 2011. *Key characterization and evaluation descriptors: methodologies for the* *assessment of 22 crops*. Rome, Bioversity International. 602 p. https://cgspace.cgiar.org/handle/10568/744910.

FAO. 2011. *Pre-breeding for effective use of plant genetic resources*. Rome. http://www.fao.org/elearning/#/elc/en/course/PB.

Thormann, I., Parra-Quijano, M., Endresen, D.T.F., Rubio-Teso, M.L., Iriondo, M.J. & Maxted, N. 2014. *Predictive characterization of crop wild relatives and landraces Technical guidelines version 1*. Rome, Bioversity International. https://www.bioversityinternational.org/fileadmin/user_upload/online_library/publications/pdfs/Predictive_characterization_guidelines_1840.pdf.

Thormann, I. 2015. *Predictive characterization: an introduction*. Paper presented at Regional Training Workshop, 13 April 2015, Pretoria, South Africa. http://www.cropwildrelatives.org/fileadmin/templates/cropwildrelatives.org/upload/sadc/project_meetings/Lectures_Predictive_characterization_pre-breeding/Introduction_Predictive_Characaterization_Thormann.pdf.

分子鉴定和评价

Arif, I.A., Bakir, M.A., Khan, H.A., Al Farhan, A.H., Al Homaidan, A.A., Bahkali, A.H., Sadoon, M.A. & Shobrak, M. 2010. A brief review of molecular techniques to assess plant diversity. *International Journal of Molecular Sciences*, 11(5): 2079–2096. https://doi.org/10.3390/ijms11052079.

Ayad, W.G., Hodgkin, T., Jaradat, A. & Rao, V.R. 1997. *Molecular genetic techniques for plant genetic resources*. Report on an IPGRI workshop, 9–11 October 1995, Rome, IPGRI, 137 p. http://www.bioversityinternational.org/fileadmin/bioversity/publications/Web_version/675/begin.htm.

Bretting, P.K. & Widrlechner, M.P. 1995. Genetic markers and plant genetic resource management. *Plant Breeding Reviews*, 13: 11–86. https://doi.org/10.1002/9780470650059.ch2.

D'Agostino, N. & Tripodi, P. 2017. NGS-based genotyping, high-throughput phenotyping and genome-wide association studies laid the foundations for next-generation breeding in horticultural crops. *Diversity*, 9(3): 38. https://doi.org/10.3390/d9030038.

de Vicente, M.C. & Fulton, T. 2004. *Using molecular marker technology in studies on plant genetic diversity*. Rome, IPGRI, and Ithaca, USA, Institute for Genetic Diversity. https://www.bioversityinternational.org/fileadmin/user_upload/online_library/publications/pdfs/Molecular_Markers_Volume_1_en.pdf.

de Vicente, M.C., Metz, T. & Alercia, A. 2004. *Descriptors for genetic markers technologies*. https://www.bioversityinternational.org/e-library/publications/detail/descriptors-for-genetic-markers-technologies.

Govindaraj, M., Vetriventhan, M. & Srinivasan, M. 2015. Importance of genetic diversity assessment in crop plants and its recent advances: an overview of its analytical perspectives. *Genetics Research International*. https://www.hindawi.com/journals/gri/2015/431487.

Jia, J., Li, H., Zhang, X., Li, Z. & Qiu, L. 2017. Genomics-based plant germplasm research (GPGR). *The Crop Journal*, 5(2): 166–174. https://doi.org/10.1016/j.cj.2016.10.006.

Jiang, G.-L. 2013. Molecular markers and marker-assisted breeding in plants. In: S.B. Andersen. *Plant breeding from laboratories to fields*. IntechOpen, Denmark. https://doi.org/10.5772/52583.

Karp, A., Kresovich, S., Bhat, K.V., Ayad, W.G. & Hodgkin, T. 1997. *Molecular tools in plant genetic resources conservation: a guide to the technologies*. IPGRI Technical Bulletin No. 2. Rome, IPGRI.

Keilwagen, J., Kilian, B., Özkan, H., Babben, S., Perovic, D., Mayer, K.F.X., Walther, A. *et al.*, 2014. Separating the wheat from the chaff – a strategy to utilize plant genetic resources from *ex situ* genebanks. *Scientific Reports*, 4: 5231. https://doi.org/10.1038/srep05231.

Kilian, B. & Graner, A. 2012. NGS technologies for analyzing germplasm diversity in genebanks. *Briefings in Functional Genomics*, 11(1): 38–50. https://doi.org/10.1093/bfgp/elr046.

Laucou, V., Lacombe, T., Dechesne, F., Siret, R., Bruno, J.P., Dessup, M., Dessup, P. *et al.* 2011. High throughput analysis of grape genetic diversity as a tool for germplasm collection management. *Theoretical and Applied Genetics*, 122(6): 1233–1245. https://doi.org/10.1007/s00122-010-1527-y.

Mishra, K.K., Fougat, R.S., Ballani, A., Thakur, V., Jha, Y. & Madhumati, B. 2014. Potential and application of molecular markers techniques for plant genome analysis. *International Journal of Pure & Applied Bioscience*, 2(1): 169–188. http://www.ijpab.com/form/2014%20Volume%202,%20issue%201/IJPAB-2014-2-1-169-188.pdf.

van Treuren, R. & van Hintum, T. 2014. Next-generation genebanking: plant genetic resources management and utilization in the sequencing era. *Plant Genetic Resources*, 12(3): 298–307. https://doi.org/10.1017/S1479262114000082.

信息汇编

Ougham, H. & Thomas, I.D. 2013. Germplasm databases and informatics. In: M. Jackson, B., Ford-Lloyd & M. Parry, eds. *Plant genetic resources and climate change*, pp.151–165. Wallingford, UK, CAB International.

Painting, K.A, Perry, M.C, Denning, R.A. & Ayad, W.G. 1993. *Guidebook for genetic resources documentation*. Rome, IPGRI. https://www.bioversityinternational.org/fileadmin/_migrated/uploads/tx_news/Guidebook_for_genetic_resources_documentation_432.pdf.

安全备份

Nordgen. 2008. *Agreement between (depositor) and the Royal Norwegian Ministry of Agriculture and Food concerning the deposit of seeds in the Svalbard Global Seed Vault*. The Svalbard Global Seed Vault. https://seedvault.nordgen.org/common/SGSV_Deposit_Agreement.pdf.

基础设施和设备

Bretting P.K. 2018. 2017 Frank Meyer Medal for Plant Genetic Resources Lecture: Stewards of Our Agricultural Future. *Crop Science,* 58(6): 2233–2240. https://doi.org/10.2135/cropsci2018.05.0334.

Fu, Y.-B. 2017. The vulnerability of plant genetic resources conserved *ex situ*. *Crop Science*, 57(5): 2314. https://doi.org/10.2135/cropsci2017.01.0014.

Linington, S.H. 2003. The design of seed banks. In: R.D. Smith, J.B. Dickie, S.H. Linington, H.W. Pritchard & R.J. Probert, eds. *Seed conservation: turning science into practice*. Kew, UK, Royal Botanic Gardens.

RBG. 2014. *Post-harvest handling*. Millennium seed bank technical information sheet 04. Kew, UK. http://brahmsonline.kew.org/Content/Projects/msbp/resources/Training/04-Post-harvest-handling.pdf.

RBG. 2014. *Measuring seed moisture status using a hygrometer*. Millennium seed bank technical information sheet 05. Kew, UK. http://brahmsonline.kew.org/Content/Projects/msbp/resources/Training/05-eRH-moisture-measurement.pdf.

RBG. 2014. *Selecting containers for long-term seed storage*. Millennium seed bank technical information sheet 06. Kew, UK. http://brahmsonline.kew.org/Content/Projects/msbp/resources/Training/05-eRH-moisture-measurement.pdf.

RBG. 2014. *Low-cost monitors of seed moisture status*. Millennium seed bank technical information sheet 07. Kew, UK. http://brahmsonline.kew.org/Content/Projects/msbp/resources/Training/07-Low-cost-moisture-monitors.pdf.

RBG. 2014. *Small-scale seed drying methods*. Millennium seed bank technical information sheet 08. Kew, UK. http://brahmsonline.kew.org/Content/Projects/msbp/resources/Training/08-Small-scale-drying-methods.pdf.

RBG. 2014. *Seed bank design: seed drying rooms*. Millennium seed bank technical information sheet 11. Kew, UK. http://brahmsonline.kew.org/Content/Projects/msbp/resources/Training/11-Seed-drying-room-design.pdf.

RBG. 2014. *Seed bank design: cold rooms for seed storage*. Millennium seed bank technical information sheet 12. Kew, UK. http://brahmsonline.kew.org/Content/Projects/msbp/resources/Training/12-Cold-room-design.pdf.

RBG. 2015. *Germination testing: procedures and evaluation*. Millennium seed bank technical information sheet_13a. Kew, UK. http://brahmsonline.kew.org/Content/Projects/msbp/resources/Training/13a-Germination-testing-procedures.pdf.

RBG. 2015. *Germination testing: environmental factors and dormancy-breaking treatments*. Millennium seed bank technical information sheet_13b. Kew, UK. http://brahmsonline.kew.org/

Content/Projects/msbp/resources/Training/13b-Germination-testing-dormancy.pdf.

RBG. 2014. *Cleaning seed collections for long-term conservation*. Millennium seed bank technical information sheet 14. Kew, UK. http://brahmsonline.kew.org/Content/Projects/msbp/resources/Training/14-Seed-cleaning.pdf.

附录　风险及其应对措施

　　在种质库运行期间，工作人员应接受适当的培训并按照规程操作。种质库运行期间需要考虑的风险具体如下。

种质获取

风险	风险控制和减缓
收集的样品不足以代表来源种群的多样性	■ 制定并遵循商定的种质收集策略和方法，充分遵循遗传采样指南
分类鉴定错误	■ 收集团队中要有分类学家，种质库工作人员也要接受分类学培训 ■ 专家对植物标本馆凭证样品和图片进行鉴定 ■ 在收集种质期间，确保数据收集表包含其他记录描述符
标识错误或标签丢失	■ 在每个收集袋的外部贴好标签；在收集袋内放置另一个标签
抄写录入错误	■ 考虑使用移动设备，确保数据定期备份、充电电池充足可用 ■ 进行数据审核
在收集、运输期间生活力丧失导致种子保存寿命缩短（和提前更新）	■ 确保及时转移到条件可控的干燥环境下 ■ 根据种子成熟度和当时环境条件，确保采用适宜的收获后处理

干燥和保藏

风险	风险控制和减缓
包装过程吸湿导致种子保存寿命缩短	■ 在条件可控的、干燥的环境下进行种子包装

（续）

风险	风险控制和减缓
包装泄漏导致种子保存寿命缩短和提前更新	■ 对每批新的包装材料进行泄漏测试 ■ 确保封口机正常工作 ■ 确保盖子拧紧 ■ 对种质库随机抽测的样品，以及用于检测或分发的种质建立含水量定期监测系统
样品混杂或标签错误	■ 小心包装以避免混杂 ■ 在包装内外放置标签 ■ 使用机打条形码标签，最大限度减少错误
保存样品的生活力或数量低于标准	■ 确保信息管理系统包括可监测子批生活力和库存以及标记出需更新种质的自动化工具
断电导致保存温度不达标	■ 确保备用发电机和燃料可用

种子生活力监测

风险	风险控制和减缓
发芽检测不能真实反映种质的生活力	■ 优化发芽检测和打破休眠方法 ■ 使用重复检测程序 ■ 进行切割实验，确定种子坚硬和新鲜，预测休眠种质的生活力 ■ 必要时在其他机构进行发芽检测
生活力监测间期不当导致种子消耗或生活力显著下降	■ 利用种质和收集品所有可用的生活力监测数据（如萌发率和畸形苗数量），确定适宜的监测间期 ■ 当已知或预测种子批接近生活力标准时，考虑缩短监测间期

更新

风险	风险控制和减缓
选择压力导致适应性等位基因丧失	■ 在可控环境条件下进行更新 ■ 在与样本来源收集地点气候条件相似的地方进行更新 ■ 在其他机构进行更新
与相同物种其他种质或附近作物的异花授粉导致纯度丧失	■ 依照推荐的作物特定隔离距离或使用隔离棚、套袋或其他控制授粉措施
授粉率低	■ 使用授粉棚，罩住传粉昆虫 ■ 确保足够的授粉虫媒 ■ 根据需要或如可能，进行人工授粉

（续）

风险	风险控制和减缓
样品识别错误	■ 在播种和收获前检查地块和袋子的标签；使用条形码
在种子样品准备、播种、收获、收获后处理期间种子样品发生污染或混杂，导致纯度丧失	■ 仔细检查并清洁每个处理步骤使用的所有设备 ■ 对更新的种质，将收获种子与种子标本进行对比

鉴定和评价

风险	风险控制和减缓
记录不完整，数据不可靠	■ 做好工作人员培训 ■ 采用适宜的栽培措施 ■ 使用移动设备记录田间数据 ■ 负责人和信息汇编人员查验数据
样品识别错误	■ 收集数据时检查地块标签 ■ 播种和收获前检查地块和袋子的标签

分发

风险	风险控制和减缓
样品混杂或标识错误	■ 小心包装以避免混杂 ■ 在种子包装袋的内部和外部使用标签 ■ 使用机打条形码标签，最大限度地减少错误
货件延迟或损坏导致生活力丧失	■ 采用适宜方式包装，尽量减少吸湿 ■ 确保种子及时发货，采用最快和最安全的方式发送

安全备份

风险	风险控制和减缓
样品混杂或标识错误	■ 小心包装以避免混杂 ■ 在种子包装袋的内部和外部使用标签 ■ 使用机打条形码标签，最大限度地减少错误
货件延迟或损坏导致生活力丧失	■ 确保种子及时发货，采用最快和最安全的方式发送 ■ 评估运输过程中最坏条件下种子生活力显著下降的可能性（假设种子在密封防潮包装中，处于特定温度） ■ 包含生活力监测样品，关于这些样品是接收方进行检测或是返回给送交机构检测，需达成一致

图书在版编目（CIP）数据

《粮食和农业植物遗传资源种质库标准》实施实用指南：种质库正常型种子保存 / 联合国粮食及农业组织编著；张金梅等译． —北京：中国农业出版社，2023.12
（FAO中文出版计划项目丛书）
ISBN 978-7-109-31195-4

Ⅰ.①粮…　Ⅱ.①联…　②张…　Ⅲ.①种子—贮藏—指南　Ⅳ.①S339.3-62

中国国家版本馆CIP数据核字（2023）第191069号

著作权合同登记号：图字01-2023-3978号

《粮食和农业植物遗传资源种质库标准》实施实用指南
《LIANGSHI HE NONGYE ZHIWU YICHUAN ZIYUAN ZHONGZHIKU BIAOZHUN》
SHISHI SHIYONG ZHINAN

中国农业出版社出版
地址：北京市朝阳区麦子店街18号楼
邮编：100125
责任编辑：郑　君　　文字编辑：范　琳
版式设计：王　晨　　责任校对：吴丽婷
印刷：北京通州皇家印刷厂
版次：2023年12月第1版
印次：2023年12月北京第1次印刷
发行：新华书店北京发行所
开本：700mm×1000mm　1/16
印张：5
字数：100千字
定价：79.00元